강수량 예보

컴퓨터 예측 자료 해석과 보정 가이드

저자 이우진

휴앤스토리

머리말

강수는 일상생활에서 가장 민감한 기상 현상에 속한다. 비나 눈이 내리면 당장 우산을 찾고, 옷차림도 달라진다. 옥외 활동도 제한된다. 도심에서는 교통이 정체되고, 안전사고도 늘어난다. 바닷길과 하늘길이 막히거나 운항이 취소된다. 저지대나 침수되거나, 산사태가 일어나고, 하천이 범람하여 시설이 훼손되고 농작물이 유실된다.

최근에는 온난화와 함께 지구 시스템이 교란되면서, 가뭄과 홍수, 폭염과 한파와 같은 극단적인 이상 기상 현상이 빈발하는 경향을 보인다. 한편 산업 발전으로 도시화가 진전되면서, 우리 사회는 물 현상에 더욱 취약한 구조로 변해가고, 정량적인 강수량과 시점에 대한 예보 수요는 계속 증가하는 추세에 있다. 댐의 수문관리, 장단기 식수나 용수 지원, 녹조나 적조 대응, 도심 소하천의 범람 감시, 교통 통제와 우회로 안내, 야외 행사 기획, 항공기와 선박의 운항 계획, 유통과 판촉 등 실로 영향을 받는 분야는 사회 전 분야에 걸쳐 널려있다. 어느 지역에 얼마나 많은 비나 눈이 언제 내릴 것인지를 미리 알 수 있다면, 그만큼 사전 대책을 세우는 데 유리하다. 날씨로 인한 손실을 줄이고 나아가 수익을 올릴 기회를 선점할 수 있다.

강수량 예보는 다른 어느 기상 요소보다도 예측하기 어렵다는 것이 전문가들의 공통된 견해다. 여기에는 몇 가지 이유가 있다. 강수 현상은 모든 대기 물리 과정의 총체적인 결과로서, 다른 요소를 예측한 다음에야 비로소 강수량을 예측할 수 있다. 강수량은 가변적이고 국지적이고 변화무쌍한 구름의 운동과 직결되어 있다. 구름 현상과 마찬가지로 강수 현상에 대해서도 아직 밝혀지지 않은 부분이 적지 않다. 특히 여름철 소낙성 강수는 물리적 과정이 복잡하다. 강수 현상은 비, 눈, 우박, 안개와 같이 다양한 방식으로 전개될 뿐 아니라, 관측망과 관측 기술도 한계가 있어 시시각각 변화하는 강수 시스템의 구조를 세밀하게 감시하는 데 어려움이 따른다.

그러나 그간 대기 과학과 계산공학 기술의 눈부신 발전에 힘입어 단·중기 강수량 예보 성적도 더디기는 하지만 꾸준히 향상됐다. 예보 업무에서 컴퓨터 예측 결과를 해석하는 작업 비중도 점차 높아져 왔다. 과거에는 예보관이 일일이 분석 일기도와 예상 일기도를 그려냈지만, 지금은 대부분 컴퓨터가 그 역할을 대신하고 예보관은 컴퓨터가 그려낸 일기도를 해석하는 데 보다 많은 시간을 보낸다. 현대 일기 예보에서는 컴퓨터가 계산한 결과를 해석하는 능력이 무엇보다 중요한 역량으로 자리매김하게 된 것이다.

컴퓨터로 기상 변화를 계산하는 과학적 방법을 이해하는 데는 오랜 시간이 걸린다. 대학에서 통상 '수치 예보'라는 이름으로 개설된 과목을 여러 해에 걸쳐 공부한다면 이 방면의 이론을 습득할 수 있다. 하지만 이렇게 이론을 이해한다 하더라도 이를 실무에 응용하기란 쉽지 않다. 필자가 수치예보 과장으로 기상청에 근무하던 2000년대 중반 어느 날, 퇴근 시간이 지나 한 시민의 전화를 받은 적이 있었다. 인터넷에서 각종 수치 예상도만 제시할 게 아니라, 이를 활용하는 방법도 함께 알려달라는 것이었다. 당시에는 필자도 이 질문에 적절하게 답변할 수 없었다. 오랜 기간 이 방면에서 일해 왔지만, 막상 이 기본적인 질문에 대해 쉽게 답변하기 어렵다는 것을 깨닫는 순간 무력감이 뒤를 따랐다. 오랜 학문과 연구가 당면한 현실 앞에서 별 도움이 되지 못한다는 자각은 동시에 응용 분야에 새로 눈 뜨게 하는 계기가 되었다. 모델의 예측 자료를 해석하고 보정하는 기법을 닦으려면 별도의 노력이 필요했다.

그런가 하면 사내에서도 직장 동료나 선·후배로부터 종종 컴퓨터 예측 자료를 볼 때 어떤 자료를 중점적으로 살펴보아야 하는지 알려달라는 주문도 자주 받게 되지만, 충분하게 설명해 줄 수 없는 때가 많았다. 그도 그럴 것이 익숙한 국내·외 예보 지침서들은 기상 역학적 이론에 입각한 지식을 전달하기 위한 것이 대부분이다. 반면 기상기관에서는 실무를 바탕으로 일기도를 분석하고 역학적으로 해석하는 방법을 다루고 있다. 한편 수치 예보 이론을 다루는 서적들도 나와 있지만, 대부분 계산 과학에 근거하여 컴퓨터 예측 프로그램 또는 '수치 모델'을 설계하거나 개발하기 위한 것이다. 이론을 실무에 응용하여 수치 예상도를 해석하는 방법을 제시하는 실무서는 찾아보기 어려웠다. 이 목적에 가까운 책을 굳이 찾는다면 유럽 중기 예보센터(European Centre for Medium-Range Weather Forecasts, ECMWF)의 수치 예상도 해석 가이드나 미국 기상청의 예보 실무 지침서 정도를 꼽아볼 수 있는 정도다. 최근에는 인터넷에서 조회 가능한 원격 학습 실무 교재도 등장하고 있지만, 교재 내용이 매우 전문적이고 영어로 작성된 것이 대부분이라서 일반인이 소화하기 쉽지 않다.

수치 예상도를 해석한다는 것은 컴퓨터와 협업하는 것이다. 컴퓨터가 상정하는 대기는 자연과는 거리가 있다. 컴퓨터가 예측한 강수량에는 크고 작은 예측 오차가 결부되어 있다. 컴퓨터의 예측 오차를 식별해내고, 이를 과학적으로 보정하는 것은 사람의 몫이다. 예보 전문가마다 자신의 경험에 비추어 나름대로 예측 오차를 보정하는 방법을 갖고 있다. 복잡한 통계 기법을 동원하여 경험칙을 정돈한 다음, 예측 오차를 보정하는 데 직접 응용하기도 한다. 하지만 이러한 방식으로는 개별 경험을 공통의 지식으로 축적하거나 전승하기가 쉽지 않다. 설령 효과가 있다 하더라도, 왜 그렇게 해야 하는지 과학적 의미를 이해하기 어렵고, 체계적으로 기법을 발전시켜 가기도 어렵다. 경험의 직물로 지식의 옷을 만들려면 개념적 베틀을 잘 짜야 한다. 예측 실패의 경험을 체계적으로 조직화하려면, 이것을 담을 견고한 그릇이 필요하다.

이러한 문제로 고민하던 중에 '강수량 핵심 인자 접근 방법(ingredient approach)'에 대한 논문들을 접한 것이, 새로운 돌파구가 되었다. 본래 이 방법은 수치 예보와 상관없이 주관적으로 강수량을 예상하는 데 필요한 점검 요소를 간추린 것이지만, 수치 모델의 강수량 예측 오차를 보정할 때도 유익하겠다는 생각이 들었다. 나아가서 예측 오차 보정 경험을 과학적으로 발전시킬 이론적 틀로 쓸 수 있겠다는 생각이 들었다. 이 생각들을 정리하다 보니 한 권의 책이 되었다.

먼저 2부에서 강수량 핵심 인자 접근 방법의 이론적 기초를 확고하게 다진 다음, 3부부터 6부까지는 개념적 틀을 통해서 주요 기압계 패턴별로 수치 모델의 강수량 예측 오차를 보정하는 방법을 논의하였다. 그렇다고 세세한 보정 기술을 제시하고자 하는 것은 아니다. 대신 보정에 필요한 방향성을 제시하고자 한 것이다. 결국 수치 모델의 편차 보정은 각자의 몫이다. 편차를 보정하는 데 착안해야 할 요점과 안목을 기른다면, 보다 체계적으로 자신의 경험을 정돈할 수 있다. 나아가 다른 사람의 경험과 노하우를 공유하고, 그 위에서 한 단계 높은 지식을 쌓아갈 수 있다. 7부에서는 예측 불확실성 또는 신뢰도를 따져보는 방편으로, 복수의 예측 시나리오를 종합적으로 활용하는 방법, 소위 '앙상블 방법'을 제시하였다. 이 책에서는 가능한 한 복잡한 이론을 피하고 실무에 보탬이 되는 방법을 제시하고자 노력하였다. 다만 2부의 이론을 뒷받침하는 기본 수식은 부록에 제시하고, 전문적인 설명을 보탰다.

마지막으로 인터넷에서 접근 가능한 수치 예상도에 대해 간단히 언급하고자 한다. 기상청 홈페이지에서는 예상 강수량이 중첩된 지상 일기도만 조회할 수 있지만, 미국 기상청처럼 다른 사이트에서는 지상 일기도뿐만 아니라 고층의 수치 예상 일기도를 찾아볼 수 있다. 대기는 연직적으로 변화가 심하기에, 지상이나 하층의 기압계와 중층이나 상층의 기압계가 다른 경우가 많고, 상·하층의 기압계를 고루 살펴야 대기 구조를 입체적으로 이해할 수 있다. 그렇지만 이 책에서는 전 세계 어디서나 쉽게 찾아볼 수 있는 지상 일기도와 예상 강수량을 해석하는 방법에 초점을 맞추었다. 대신 지상 일기도에서 간과하기 쉬운 한계와 문제점을 8부에서 제시하였다. 고층 일기도를 볼 수 있다면 더욱 전문적인 해석이 가능하겠지만, 계절에 따라 기압계 패턴별로 기상학적 특성을 숙지한다면, 지상 일기도와 예상 강수량만 해석하더라도 상당한 수준의 강수량 보정 효과를 얻을 수 있다는 것이 저자의 판단이다.

이 책의 뒷부분에서 제시한 참고 문헌 외에도, 특히 미국 기상청의 호우 예보 매뉴얼, 유럽 중기 예보센터의 수치 예상도 해석 가이드, 미국 국립 대기과학 연구소의 원격 학습 교재(COMET)가 이 책을 준비하는 데 많은 도움이 되었다. 아무쪼록 이 글에서 제시한 수치 예상 강수량의 보정 기법이 수치 예보의 자료 해석과 응용 분야를 발전시키는 데 하나의 발판이 되기를 희망해본다.

2017. 09.
이 우 진

차례

머리말 ‥ 2

1부 인터넷의 강수 예상도

1장 / 강수와 대기 운동 ‥ 14
1. 인터넷 검색
2. 층운과 적운
3. 강수 조직과 기압계
4. 기압계 연직 구분

2장 / 컴퓨터가 그려낸 강수 예상도 ‥ 26
1. 한 장의 강수 예상도가 나오기까지
2. 수치 모델의 기본 특성

3장 / 기술과 사람의 협업 ‥ 36
1. 협업의 방향
2. 강수 예상도 해석

2부 모델 강수량 보정

1장 / 강수량 핵심 인자 ·· 44
1. 구성 요소
2. 강수량 예측 오차

2장 / 핵심 인자의 오차 특성 ·· 58
1. 수증기량
2. 상승 기류
3. 강수 효율
4. 지속 시간

3장 / 강수량 오차 보정 ·· 63
1. 위치와 강도 보정
2. 상승 기류와 강수 구역 세분
3. 시구간 설정

3부 대규모 기압계

1장 / 수증기량 ·· 78
1. 바람의 역할
2. 역전층의 역할은 양면적
3. 저기압과 수증기 통로

2장 / 상승 기류 ·· 85

3장 / 강수 효율 ·· 91
1. 기압계와 강수 분포
2. 미세 물리 과정

4장 / 지속 시간 ·· 95
1. 기압계와의 관계
2. 예상보다 길어지는 경우
3. 강수 시종 시점 오차

5장 / 겨울철 강수 ·· 103
1. 강수 형태
2. 적설

4부 중소규모 기압계

1장 / 대규모 환경 조건 ·· 108
1. 적운형 강수와 핵심 인자
2. 수증기 유입과 하층 강풍대
3. 상승 기류와 연직 불안정

2장 / 구름 과정 ·· 116
1. 강수 효율
2. 지속 시간
3. 적운형 강수 계산 특성

3장 / 기압계와 적운형 강수 ·· 135
1. 고기압 가장자리
2. 한랭 전선과 난역
3. 중상층 한기 유입
4. 집중성의 문제

5부 태풍과 상호작용

1장 / 일반 예측 특성 ·· 146
1. 태풍의 강수 구조
2. 초기 조건의 불확정성
3. 주변 기압계와의 관계

2장 / 핵심 인자와 예측 특성 ·· 151
1. 수증기량
2. 상승 기류
3. 강수 효율
4. 지속 시간

6부 지형 효과

1장 / 모델 예측 특성 ·· 164
1. 핵심 인자와의 관계
2. 사면 강제 상승
3. 해상도와 오차 보정
4. 차등 가열

2장 / 기압계 패턴 ·· 173
1. 온대 저기압
2. 열린형과 닫힌형
3. 태풍
4. 지속 시간

3장 / 지형성 강설 ·· 179
1. 눈과 비의 차이
2. 호수 효과

7부 앙상블의 활용

1장 / **불확실성의 크기** ·· 186
1. 예측 오차의 통계적 특성
2. 핵심 인자와의 관계
3. 예측 시나리오의 앙상블

2장 / **하나의 모델만 사용할 때** ·· 195
1. 초기 조건의 차이
2. 예측 경향과 일관성
3. 일관성과 신뢰도의 관계
4. 주간 예보와 단기 예보의 차이

3장 / **복수의 모델을 사용할 때** ·· 207
1. 강수 강도의 불확실성
2. 고해상도 모델의 활용
3. 드문 시나리오의 취급

8부 지상 일기도의 한계

1장 / **다층 분석이 필요한 기압계 패턴** ·· 220

2장 / **상층의 대기 흐름이 상황을 주도할 때** ·· 223
1. 차가운 저기압과 따뜻한 고기압
2. 날리는 눈
3. 상층 골과 강설

3장 / **역학적 강제력이 약할 때** ·· 227

4장 / **대기가 불안정할 때** ·· 230

부록 강수량 핵심 인자 ·· 233
　　　참고 문헌 ·· 241

1부

인터넷의 강수 예상도

1장
강수와 대기 운동
PRECIPITATION FORECAST

1. 인터넷 검색

여행 계획을 세우다 보면 으레 목적지 날씨가 궁금해진다. 현지 기온에 따라 옷차림도 달라져야 하고, 비나 눈이 온다면 우산을 가져가거나 야외 활동을 취소하고 실내 행사로 대신해야 한다. 강수량이 늘어날 것으로 예상하면 행선지를 아예 바꾸거나, 일정을 연기해야 한다. 가고 싶은 곳의 날씨를 인터넷 포털사이트에 입력하면 열흘간의 기온, 강수, 바람을 비롯해 날씨를 예보해주는 사이트가 수도 없이 화면에 나타난다. 날씨 요소 중에서 가장 많이 찾는 것이 강수다. 강수 유무에 따라 옥외 활동이나 행사에 미치는 사회적 영향이 그만큼 크기 때문이다. 특히 겨울철 도심에 눈이 갑자기 쌓이거나 여름철 많은 비로 인해 도로가 침수되면 교통 대란이 일어나기도 한다. 강수량이 너무 많아지면 홍수나 산사태의 직접적인 원인이 되기도 하고, 너무 적어지면 녹조나 적조와 같이 환경을 악화시키는 조건을 제공한다. 강수량은 경제적으로도 중요한 변수다. 산업이나 농업용 용수를 안정적으로 공급하기 위해서는 강수량 예보를 활용하여 다목적 댐이나 저수지의 수위를 적정하게 관리해야 하기 때문이다.

기상기관(가나다순)	인터넷 주소(http://)
미국기상청(NCEP)	mag.ncep.noaa.gov/model-guidance-model-area.php
유럽중기예보센터(ECMWF)	www.ecmwf.int/en/forecasts/charts/catalogue
캐나다기상청(CMC)	www.weatheroffice.gc.ca/model_forecast/global_e.html
한국기상청(KMA)	www.kma.go.kr/weather/images/forecastchart.jsp
호주기상청(BoM)	www.bom.gov.au/australia/charts/

Table 1.1 슈퍼컴퓨터로 계산한 각종 기상 예측 자료를 디지털 그래픽(digital graphic) 형식으로 제공하는 인터넷 주소. 보다 상세한 목록은 WMO 홈페이지(http://www.wmo.int/pages/prog/www/DPS/gdps.html)에서 찾아볼 수 있다(Lee, 2011).

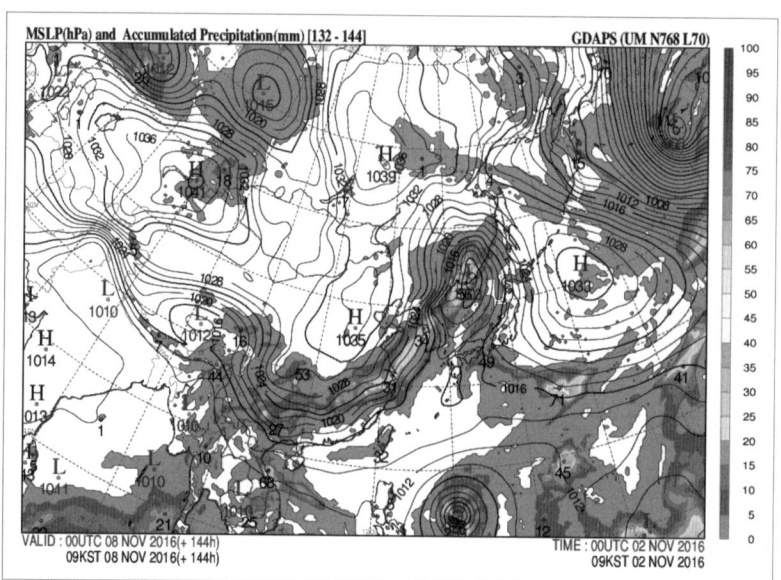

Fig. 1.1 기상청 홈페이지(www.kma.go.kr)에서 제공하는 강수 예상도 예시. 검은 실선은 해면 기압의 등치선이고, 주변의 작은 숫자는 기압(hPa) 이다. 누적 구간은 좌측 상단에 표시된 바와 같이, 12시간 (초기 시각 기준 132~144시간 앞)이고, 단위는 mm이다. 우측 색상표는 색깔별로 강수량 등급을 보여준다. 채색 구역은 누적 강수량이다. 강수량이 많은 지역에는 최댓값이 진한 숫자로 표시되어 있다. 그림 우측 상단에는 슈퍼컴퓨터에서 구동하는 기상 예측 소프트웨어 또는 수치 모델(numerical model) 명칭이 쓰여 있다. 'GDAPS' 또는 'UM'은 수치 모델 명칭이고, 'N768'과 'L70'은 각각 모델의 수평 해상도와 연직 해상도를 나타낸다. 동서 방향으로 지구 둘레를 768개의 격자점으로 분할하고, 연직 방향으로 대기를 70개의 기층으로 분할하여 계산한다는 뜻이다. 우측 하단에는 슈퍼컴퓨터에 입전된 관측 자료의 시각이 2016년 11월 2일 09시임을 알려준다. 좌측 하단에는 슈퍼컴퓨터가 계산한 144시간 앞의 예상도로서, 그림의 내용이 8일 09시에 해당한다는 것을 말해준다. 이 장면은 우리나라 북동쪽에 자리 잡은 온대 저기압에서 남서 방향으로 우리나라를 가로질러 중국 상해를 거쳐 화남 지방에 이르기까지 기다란 한랭 전선에 나란하게 강수대가 포진하여 남동 방향으로 이동하는 모습을 보여준다. 우리나라를 가로 지르는 전선대 주변에서는 강한 강수 (30~60mm/12시간)가 예상되어 있다.

포털사이트에서 검색한 특정 지점의 강수 예보는 대부분 다음 주간동안 일별로 강수 유무와 하늘 상태가 주종을 이룬다. 하지만 더욱 전문적인 날씨 정보를 다루는 국가 기상기관이나 민간 기상회사의 홈페이지에 들어가 보면 슈퍼컴퓨터에서 예측한 강수 예상도를 찾아볼 수 있다. 기상청 홈페이지의 '날씨-육상예상 일기도' 메뉴에서는 동아시아 지역에 대하여 10일 후까지 예상 강수량을 보여준다. 예상 강수량은 통상 최근 12시간 동안 누적한 값이며, 등급별로 다른 색깔로 표시되어 있다. 예측 기간에 따라 3시간 또는 6시간 동안 누적한 값을 쓰기도 한다. 예상 강수량은 하루에 2번, 대략 오후 1시와 밤 1시에 새로운 자료로 갱신된다. 비록 화면으로 보여주는 그림의 크기는 편의상 한반도와 아시아로 한정하고 있으나, 컴퓨터는 세계 전역의 강수량을 예측하여 따로 보관하고 있다. 강수 예상도를 제공하는 사이트별로, 강수 누적 구간, 총 예측 기간, 예측 시점의 간격, 강수 등급별 색상, 자료를 갱신해 주는 주기가 각각 다르므로 사전에 숙지할 필요가 있다.

2. 층운과 적운

강수 예상도를 볼 줄 알면, 지도위의 어느 지점에서나 강수의 추이를 쉽게 예상해 볼 수 있다. 공간적으로도 강수 조직을 포괄적으로 살펴볼 수 있고, 전문적인 훈련을 받게 되면 각 기압계 패턴별로 강수량 예측 오차와 불확실성에 대해서도 이해의 폭을 넓힐 수 있다. 강수 예상도에 나타난 강수 조직은 매우 복잡한 형태를 보인다. 큰 모양이 있는가 하면 작은 모양이 있다. 연결된 조직이 있는가 하면 조각난 조직이 있다. 선 모양을 띠는가 하면, 빵 모양을 띠기도 한다. 이것들이 혼재되어 다양한 조합으로 나타나기도 한다. 강수를 유발하는 구름의 형태에 따라, 크게 층운 형과 적운 형으로 분류할 수 있다. 층운은 넓은 지역에 걸쳐 평평하고 균질적으로 분포하는 반면, 적운은 좁은 지역에 걸쳐 국지적으로 굴곡지고 산발적으로 발달한다. 층운은 통상 두께가 2~5km에 해당하는 얇은 구름으로 대규모 기압계의 완만한 상승 운동으로 형성된다. 강수 강도는 약한 대신, 공간적으로 널리 분포한다. 반면 적운은 두께가 통상 3~10km에 해당하는 두꺼운 구름으로, 중·소규모 기압계의 강한 상승 운동을 동반한다. 강수 강도는 강한 대신 강수 면적은 좁다. 고립된 소규모 강수 조직에서 강수 강도가 높다면, 결국 적운형 강수에서 비롯한 것일 가능성이 크다. 반면 넓은 지역에 분포한 대규모 강수 조직에서 강수량도 보통이거나 작다면 층운형 강수일 가능성이 크다. 일반적으로 층운형 강수

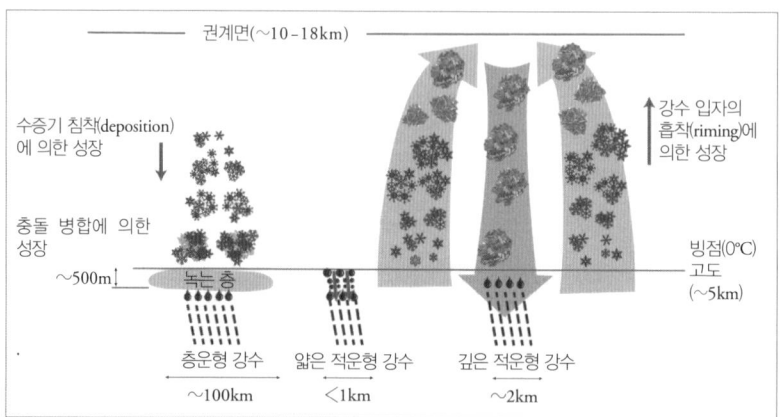

Fig. 1.2 적운형 강수(convective rain)와 층운형 강수(stratiform rain)의 비교 모식도. 적운형 강수역은 하강 기류(downdraught)와 함께 폭이 1~2km 내외인 반면, 층운형 강수역은 폭이 100km 내외로 넓은 편이다. 적운형 강수는 다시 구름층의 높이에 따라 깊거나(deep) 얇은(shallow) 강수역으로 세분된다. 깊은 적운은 상부가 10~18km까지 솟구치는 반면, 얇은 적운은 5km 이하의 낮은 고도에서 머무른다. 깊은 적운형 강수역은 폭이 2km 내외이고, 얇은 적운형 강수역은 폭이 1km 미만이다. 층운은 깊은 적운과 얇은 적운의 중간 정도의 고도까지 상승한다. 깊은 적운의 내부에서는 빙점 이하의 높은 고도에서 상승 기류의 속도가 5~10m/s에 이르는 반면, 층운에서는 ~0.2m/s에 불과하다. 깊은 적운에서 강수 입자가 상승 기류(updraught)를 타고 빙정에 달라붙어 성장(riming)하는 반면, 층운에서는 지면으로 서서히 낙하하는 과정에서 상부에서는 수증기가 빙정에 달라붙어(deposition) 성장하다가 빙점(0°C) 부근으로 내려오면 충돌·병합 과정(aggregation)을 통해 성장하게 된다. 층운에서는 빙점 부근에서 얼음 입자가 녹는 층(melting layer)이 형성되기도 한다. 녹는 층의 두께는 500m에 이르고, 기상레이더 영상에서는 흔히 밝은 띠(bright band)로 나타난다 (Aggarwal et al., 2016, Fig. 2).

조직 안에는 적운형 강수가 섞여 있어서, 양자를 깔끔하게 구별하기는 쉽지 않다.

3. 강수 조직과 기압계

강수 현상은 대기 운동의 한 단면으로, 강수량의 분포도 대기 운동계와 밀접하게 관련되어 있다. 강수 예상도 위에 그려진 강수 조직의 대소만 구분해도 대규모 운동계와 중·소규모 운동계에 대한 대강의 힌트를 구할 수 있다. 대기에서 관측한 운동에너지의 스펙트럼을 살펴보면, 크게 2개의 주 파장대에 에너지가 많이 모여 있다. 먼저 파장이 수천 km 부근에 최댓값이 있다. 다음으로 파장이 수백 km 부근에 두 번째 극값이 있다. 전자는 중위도 지방에서 대규모 운동계를 대표하고, 온대 저기압의 발달·이동·쇠약 과정과 관련이 있다. 후자는 소나기구름이 여럿 모여 이루어진 구름 집단으로, 중규모 운동계와 관련이 있다. 개별 소나기구름은 공간 규모가 수 km에 불과하고, 이보다 작은 규모의 난류는 편의상 소규모 운동계로 분류할 수 있다.

대규모 운동계와 소규모 운동계 사이에는 에너지가 적은 지대가 놓여 있어 양자가 확연하게 구분된다. 반면 대규모 운동계와 중규모 운동계 사이에는 에너지가 완만하게 줄어들기는 하지만 상호 에너지 교환이 활발하여, 뚜렷한 구분선을 찾아보기 어렵다. 대규모 운동계는 며칠 정도의 주기를 갖는 온대 저기압이나 이동성 고기압의 종관 파동(synoptic waves)을 대표한다. 반면 중·소규모 운동계는 하루에서 수분 정도의 짧은 주기를 갖는 중규모 기압계나 소규모 운동계와 관련되어 있다. 대기 운동은 크고 작은 운동의 연속적인 흐름이기 때문에, 대규모 운동계와 중·소규모 운동계를 완벽하게 구분할 수는 없겠으나, 개념적으로는 이러한 구분이 효과적이다.

강수 예상도에는 해면 기압의 등치선이 함께 그려져 있다. 해면 기압의 일기도는 머리 위에 쌓인 공기의 무게, 즉 기압의 높고 낮음을 이차원 평면 위에 보인 것이다. 머리 위에서 일어나는 기상 상태의 변화를 총체적으로 드러내기 때문에, 비록 세세한 연직 구조를 보여주지는 않더라도 대기 전체의 흐름을 파악하는 데 유익하다. 지면은 굴곡이 져 있어서, 동일한 기상 조건이라도 지형에 따라 산지에서는 기압이 낮고 계곡에서는 기압이 높

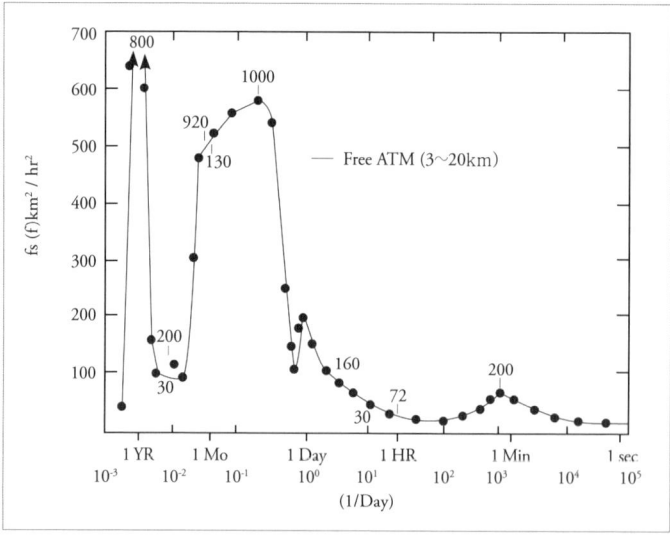

Fig. 1.3 자유 대기(free atmosphere, 3~20km 고도) 조건에서 동서 방향 바람의 운동에너지 스펙트럼(kinetic energy spectra). 가로축은 주기 또는 하루 동안의 진동수고, 세로축은 에너지 밀도($km^2\ hr^{-2}$)다. 그림 안의 숫자는 해당 주기에서 에너지 밀도의 최댓값이다. 주기에 따라 크게 3개의 극값을 보인다. 에너지 밀도가 900~1,000에 이르는 1차 극값은 주기가 수일이고, 온대 저기압이나 이동성 고기압과 같은 종관 파동(synoptic wave)을 대표한다. 에너지 밀도가 200 내외인 2차 극값은 주기가 1일보다 짧고, 중규모(mesoscale) 기압계를 대표한다. 에너지 밀도가 100~200인 3차 극값은 주기가 수 분 정도고, 소규모(local) 운동계를 대표한다(Vinnichenko, 1970, Fig. 5).

다. 해면은 평평하므로 해발 고도를 기준으로 계곡과 산지의 기압을 동일한 잣대로 보정한 것이 해면 기압이다.

4. 기압계 연직 구분

대기권은 연직으로 매우 복잡한 구조로 되어 있지만, 개념적으로 이해하는 데는 단순하게 하층, 중층, 상층으로 구분 지어 살펴보아도 무방하다. 하층은 통상 지상에서 1.5km 상공, 기압으로는 대략 지면에서 850hPa까지의 기층을 뜻한다. 상당량의 수증기는 이 기층에 분포한다. 중층은 1.5~5km 상공, 기압으로는 500~850hPa 사이의 기층을 뜻한다. 상층은 5km 이상, 기압으로는 200~500hPa 사이의 기층이나 그 상부의 기층을 통칭한다.

중층과 상층의 대기는 지면의 마찰력이나 지형 조건의 영향에서 비교적 자유롭기에, 자유 대기(free atmosphere)에 속한다. 반면 하층의 대기는 직접 지표의 영향을 받는다. 대기 하층은 지표층(surface layer), 경계층(boundary layer)과 그 위의 역전층(inversion layer)을 포함한다. 지표 바로 위에는 지면의 성질을 그대로 닮은 지표층이 지상에서 수십 ~ 수백 m까지 분포한다. 그 위부터 자유 대기 사이에는 지표층과 자유 대기 사이에 중계 역할을 하는 경계층이 존재한다. 경계층 상부에는 통상 역전층이 형성되어 하층과 중·상층 사이의 막을 형성한다. 통상 기온은 고도가 상승할수록 일정 비율로 떨어지게 되는데, 역전층 위에서는 이 비율이 완화되거나 오히려 고도에 따라 상승한다. 안정한 성층을 형성하여, 연직 운동을 억제한다.

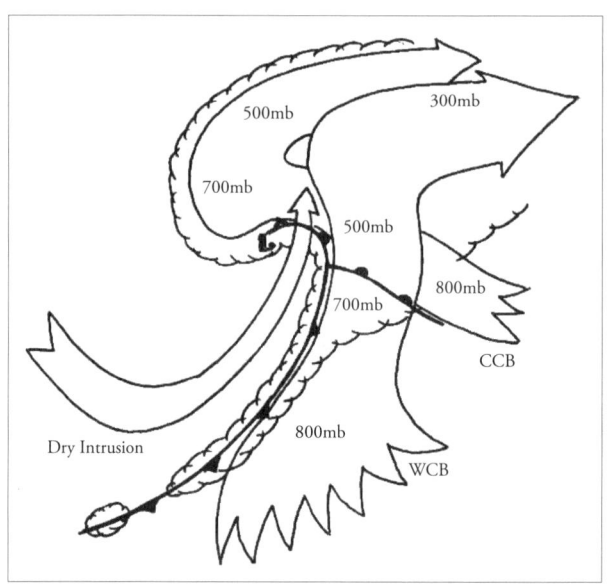

Fig. 1.4 노르웨이 온대 저기압 개념 모델을 통해 살펴본 대기 운동의 다층 구조. 온대 저기압 중심(L)에서 남동쪽으로 뻗어 나온 한랭 전선(톱니를 가진 실선)의 우측에는 온난 다습한 공기가 온난 기류 컨베이어벨트(WCB; warm conveyor belt, 굵은 화살표)에 실려 이동한다. 하층(900~850hPa)에서는 전선에 나란하게 남동쪽에서 접근하고, 고도가 상승하며 중층(700~500hPa)에서는 점차 남풍으로 방향을 틀고, 상층(500~300hPa)에서는 강풍대(jet)를 따라 서남서풍으로 전환하며 저기압을 벗어나게 된다. 온대 저기압 중심(L)에서 동쪽으로 뻗어 있는 온난 전선(반원 기호가 박힌 실선)의 북쪽에는 한랭 습윤한 공기가 한랭 기류 컨베이어벨트(CCB; cold conveyor belt, 굵은 화살표)를 따라 하층(~850hPa)에서는 동쪽에서 서쪽으로 이동하며 상승한다. 저기압 중심에 가까이 접근하면서 상승하게 되는데, 중층(700~500hPa)에서는 시계 방향으로 회전한 후 점차 상층 풍계를 따라 다시 동쪽으로 방향을 틀게 된다. 온대 저기압 중심(L)의 남쪽에서는 중층에서 서풍을 타고 건조한 공기가 건조 기류 컨베이어벨트(dry intrusion, 가느다란 화살표)를 따라 한랭 전선을 밀며 시계 반대 방향으로 하강한다. 이 개념 모델에서 3가지 컨베이어벨트는 각각 저기압 중심을 따라 이동하는 좌표계에서 바라본 것이다. 온난 기류 컨베이어벨트가 강수를 생성하는 역할을 한다면, 한랭 기류 컨베이어벨트와 건조 기류 컨베이어벨트는 강수 시스템을 조직화하는 역할을 담당한다(Carson, 1980). COMET 교육 교재, '중규모 강수대(mesoscale banded precipitation)'에서도 유사한 개념도를 찾아볼 수 있다.

중층은 전체 대기 기층의 평균적인 흐름을 반영한다. 특히 기류의 회전 바람 성분(vorticity)을 분석하는 데 유용한 기층이다. 중층 기류를 따라 시계 반대 방향 또는 시계 방향의 회전 바람 영역이 이동해오면, 역학적으로 하층 기압계가 발달하거나 쇠약해진다. 또한 중층의 한기나 건조한 기류는 연직 대기 안정도를 따지는 데 중요한 요소기도 하다. 중층의 상대 습도 분포는 깊게 발달한 수증기 유입 통로와 강수량 분석에도 쓰인다. 상층은 지면에서 가장 멀리 떨어져 있다. 또한 상층은 성층권이라는 안정한 기층과 맞닿아 있어서, 연직으로 깊은 파동계의 흐름을 제어한다. 상층의 기류는 수만 km에 이르는 장파동의 흐름을 여과 없이 드러내므로, 강풍대(jet)와 온대 저기압의 경로를 분석하는 데 유익하다. 동서 방향으로 평활한 기류가 이어지면 기압계의 이동이 빠르고, 남북 방향의 기류가 두드러지면 기압계의 흐름이 저지된다.

기류는 입체적인 흐름이라서, 하층에서 상층까지 각각의 기류를 한데 묶어 연속적인 흐름으로 살펴보아야 한다. 하층에서 출발한 기류는 상승하여 상층의 기류와 연결되고, 상층의 기류는 하강하여 하층의 기류로 이어진다. 노르웨이 온대 저기압 개념 모델은 저기압 주변에서 흔히 나타나는 기류의 흐름을 Fig. 1.4와 같이 3개의 컨베이어벨트로 정형화하였다. 온난 기류 컨베이어벨트는 남쪽의 온습한 수증기를 실어 나르고 상승하여 상층의 강풍대로 이어진다. 한랭 기류 컨베이어벨트는 온난 기류 컨베이어벨트 밑으로 파고들며 온난 전선 북쪽에 한랭한 기단을 지원한다. 건조 기류 컨베이어벨트는 한랭 전선 후면에서 전선대를 가로질러 중상층의 건조한 공기를 끌어내려 강한 적운형 강수를 유도하기도 한다.

일반적으로 기층의 고도가 높아질수록 국지적인 지면 물리 과정의 영향에서 멀어지므로, 기류 예측성(predictability)도 나아진다. 유럽 중기 예보 센터(ECMWF)에서는 모델이 예측한 기류 패턴과 관측한 기류 패턴 사이에 상관지수를 각 기층별로 계산하여, 기류 예측성을 조사하였다(Persson,

2001). 일반적으로 상관 지수가 60% 이하로 낮아지면 해당 예측 자료는 활용하기 어렵다고 본다. 기류 예측성은 Fig. 1.5에서 예측 기간에 따라 감소하는데, 지면에 가까운 기층에서는 7일이 지나면 상관지수가 60% 이하로 낮아진다. 반면 고층 10hPa 부근에서는 10일이 지나도 상관지수가 60% 이상을 유지한다. 정도의 차이는 있겠지만, 이 같은 예측성의 특징은 다른 계절이나 남반구에서도 대동소이하게 나타난다.

슈퍼컴퓨터가 예측한 강수량의 물리적인 원인을 이해하려면, 기압계의 패턴과 강수 분포를 비교해보아야 한다. 일차적으로 저기압 지역이 고기압 지역보다 강수 가능성이 크다. 저기압 상공의 대기는 가볍다. 기온이 높거

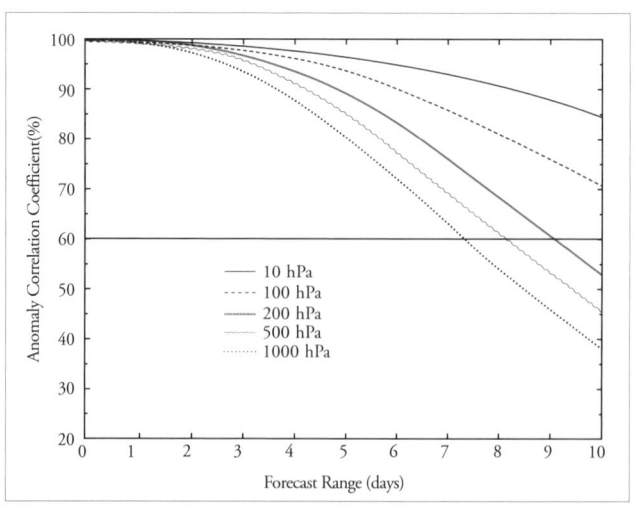

Fig. 1.5 등압면 고도(hPa)와 예측 기간(forecast range, 일)에 따른 겨울철 북반구 기류 예측성(predictability). 유럽 중기 예보센터의 컴퓨터가 예측한 기류 패턴과 관측한 기류 패턴의 상관 지수(anomaly correlation coefficient, %)로 측정한 값이다. 상관 지수가 높을수록 예측 성능이 우수하다. 두꺼운 곡선은 위에서부터 각각 10, 100, 200, 500, 1000hPa의 값이다. 수평 직선은 상관 지수가 60%인 값을 참고로 보인 것이다. 일반적으로 상관 지수가 60% 이하로 낮아지면 해당 예측 자료는 활용하기 어렵다고 본다(Persson, 2001, Fig. 1).

나 수증기가 많으면 공기는 가벼워지고, 지상 기압은 낮아진다. 대기는 연속적인 흐름이기 때문에, 연직적으로 어느 기층에서 기류가 수렴하면 다른 기층에서 발산한다. 발산하는 기류가 수렴하는 기류보다 강하면 공기가 희박해져 가벼워지고, 지상 기압은 낮아진다. 일반적으로 하층보다는 상층의 바람이 세기 때문에 상층에서 발산하는 기류가 있다면 중·하층에서는 상승 기류가 있다는 신호다. 반면 고기압 상공의 대기는 무겁다. 기온이 낮거나 건조하면 공기는 무거워진다. 상층에서 기류가 수렴하고 중·하층에서는 기류가 하강한다는 신호이다. 다음 장에서 상세하게 다루겠지만, 수증기량이 많고 상승 기류가 존재하면 강수 가능성이 커진다. 수증기량이 적고 하강 기류가 존재하면 강수 가능성도 적어진다.

한편 적운형 강수와 층운형 강수를 구별하고자 할 때도, 기압계가 보여주는 패턴에 주목해야 한다. 층운형 강수는 저기압 주변에서 흔히 일어난다. 고기압 주변이라도 수증기가 대거 유입하면 약한 강수나 안개가 나타나기도 한다. 적운형 강수는 불안정한 대기 조건에서 발생한다. 저기압 주변에서 층운형 강수와 섞여 자주 나타나지만, 고기압 가장자리에서도 적지 않게 발생하는 편이다.

2장
컴퓨터가 그려낸 강수 예상도
PRECIPITATION FORECAST

1. 한 장의 강수 예상도가 나오기까지

강수 예상도는 인터넷에서 아무 때고 마음만 먹으면 쉽게 볼 수 있는 자료라서, 이 한 장의 그림이 나오기까지 얼마나 많은 기술과 자원과 인력이 동원되었는지 깨닫기는 쉽지 않다. 구글에서 단어나 이미지를 검색하면 검색자의 의도를 파악하여 연관된 정보를 추천해주게 되는데, 이러한 응답 과정의 배후에도 고성능 슈퍼컴퓨터와 네트워킹 기술이 받쳐주고 있다. 컴퓨터가 고속 통신망에 물려있는 빅 데이터를 짧은 시간 안에 분석하여 고객의 수요를 예측한 결과다. 마찬가지로 인터넷에서 보여주는 강수 예상도의 배후에는 고속 통신망, 자료 네트워크, 그리고 슈퍼컴퓨터 기술이 자리하고 있다. 우리가 매일 보는 강수 예상도는 전 세계의 많은 과학인들이 최고의 전문성을 발휘하여 공동으로 관리하고 운영하는 첨단 기술의 집약체이기 때문에, 생산 원가가 매우 비싸다.

관측 비용

우선 관측 비용이 만만치 않다. 지구 상공에는 매 순간 40여 개의 위성이 고정된 위치에 떠 있거나 지구 궤도를 공전하면서 지구 대기의 기상 상태를 탐측한다. 기상위성 1기를 발사하여 유지하는 데 연간 수백 억 원 이상의 비용이 들어간다. 이와 별도로 운항하는 70기 이상의 저궤도 위성까지 고려하면 비용은 훨씬 늘어난다. 한편 지상에서는 전 세계적으로 1천여 대의 기상레이더가 대기 중의 비구름과 강수 현상을 탐지한다(Barrell et al., 2013). 기상레이더 1기를 설치하여 운영하는 데 연간 수억 원의 비용이 든다. 국내에만 20대 이상의 레이더가 가동 중이라서, 연간 100억 원 이상의 비용이 드는 셈이다. 그런가 하면 육상과 해상의 기상 관측망을 유지하는 데만 나라별로 연간 2백억 원 이상의 비용이 들어간다.

통신과 자료 처리 비용

다음으로 통신비용이다. 주요 기상센터에서 국내외적으로 수집하는 자료량은 시간당 신문지 140만 장 분량이다. 국내 관측 자료는 초당 신문지 1만 장을 실어 나를 수 있는 고속 전용 회선을 통해 수집한다. 해상의 관측 자료는 통신 위성을 통해 수집하기도 한다. 외국의 관측 자료는 초당 신문지 50장에 이르는 통신 속도로 수집한다. 통신비만 연간 수십 억 원에 이른다. 이렇게 모인 관측 자료가 슈퍼컴퓨터에 입력되면, 예측 소프트웨어가 구동되면서 최종적으로 강수 예상도가 만들어진다. 슈퍼컴퓨터를 운영하고 예측 소프트웨어를 개발하여 강수량을 계산하는 데 연간 수백억 원이 들어간다 (Lee, 2013).

국내에서 관측, 통신, 자료 처리에 들어가는 비용을 합하면 연간 천억 원이 넘는다. 기상 자료를 주고받는 전 세계 UN 회원국은 150여 개국이 넘지만, 이 중에서 경제발전 수준에 따라 OECD 국가 중 상위 10개 정도가 우리나라와 비슷하거나 더 큰 규모로 기상 분야에 투자한다고 가정하면, 전 세계적으로 한 장의 강수 예상도를 산출하기 위해서 매일 40억 원 이상의 비용을 지급한다고 볼 수 있다.

인력과 기술 개발 투자

인적 자원은 또 다른 비용이다. 세계기상기구에 가입한 회원국 191개 국가 간에는 매일 정해진 시각에 상호 관측 자료를 교환하고 있기에, 전 세계적으로 대략 7만 명 정도가 강수 예상도를 산출하는 데 관여한다고 볼 수 있다.

관측이나 예측 기술을 지원하는 민간의 연구 인력을 추가로 생각하면 그 수는 엄청나게 늘어날 것이다. 여기에 각종 관측 장비를 조작하고 운영하는 조직 관리 비용, 전 지구인 예측 시스템에 직간접적으로 기여한 학술적인 연구 투자를 비롯한 간접비용까지 고려한다면, 강수 예상도에 들어간 일일 비용은 몇 배 이상 늘어나 100억 원 이상으로 추산된다. 강수 예상도가 나오기까지 투입한 비용과 인력을 정확히 따져보지 않더라도, 최소한 구글이나 아마존과 같은 다국적 대기업이 글로벌 정보 네트워크에 투입한 자원보다 훨씬 고가라는 것은 자명하다. 세계기상기구(WMO)는 기상 관측, 통신, 예측, 전달에 이르는 전 과정을 표준화하여 국제적으로 효과적으로 협업할 수 있도록 국제협력 인프라를 오래전부터 구축해 왔다.

앞서 제시한 인적 물적 자원과 국제협력이라는 무형의 인프라가 받쳐주고 있기에, 우리는 매일 매일 아무런 사용료도 지급하지도 않고 고가의 강수 예상도를 사용하는 혜택을 누리고 있다.

2. 수치 모델의 기본 특성

이처럼 막대한 재원과 인력이 투입되어 생산된 강수 예상도라 하더라도, 이 자료의 예측 오차 특성을 알지 못한다면 제대로 해석하기 어렵고 그 가치를 충분히 향유하기 어렵다. 강수 예상도의 특성을 파악하기 위해서는 먼저 컴퓨터의 역할과 한계에 주목할 필요가 있다

(Jascourt and Bua, 2004). 컴퓨터는 소프트웨어를 구동해야 자료를 처리할 수 있다. 기상 예측 프로그램도 슈퍼컴퓨터에서 구동되는 일종의 응용 소프트웨어다. 대기 상태의 변화 원리에 따라 미래의 대기 상태를 추론하는 과정을 사람 대신 기계가 처리할 수 있도록 기계 언어로 적어놓은 명령어의 집합이다. 컴퓨터에서 다루는 대기 상태는 기온, 바람, 기압, 습도, 수적(강수 입자)의 5가지 변수의 상호작용으로 변화한다. 변화의 원리를 수치적으로 해석하여 자연을 이상화한 것이라서 '수치 모델(numerical model)' 또는 약식으로 '모델'이라고 부른다. 수치 모델의 예측 성능을 좌우하는 요인은 해상도, 초기 조건, 계산 알고리즘으로 크게 나누어 볼 수 있다.

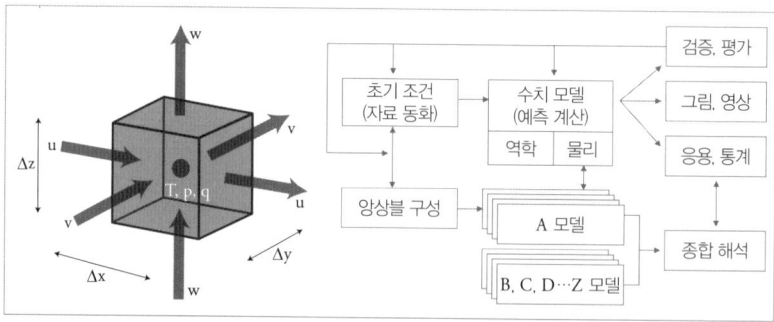

Fig. 1.6 수치 모델 격자점 체계(좌)와 계산 과정(우). 좌측 그림에서 격자점(동그라미)은 가로, 세로, 높이가 각각 Δx, Δy, Δz인 단위 체적을 대표한다. 단위 체적의 대기 상태는 바람 벡터(u, v, w), 기온(T), 기압(p), 수증기량(q)에 의해 결정된다. 화살표는 바람이 불어가는 방향을 지시한다. COMET 교육 교재의 그림을 부분 수정한 것이다. 우측 그림에서 계산 과정은 크게 상단과 하단의 2개의 흐름으로 나누어진다. 먼저 상단의 흐름은 초기 조건에서 출발한다. 격자점 위의 관측값은 자료 동화 과정을 거치면서 모델과 균형을 이루도록 동화된다. 모델은 역학 과정과 물리 과정에 따라 격자점마다 미래의 대기 상태를 예측해낸다. 예측 결과는 그림이나 영상으로 표출되어 직접 일기예보 해석에 활용되기도 하고, 통계 분석을 거쳐 다른 분야에 응용된다. 또한 관측 자료와 비교하여 예측 자료를 검증하고, 평가 결과는 다시 모델과 자료 동화 과정을 개선하는 데 쓰인다. 한편 하단에서는 앙상블 예측 시스템이 작동한다. 초기 조건을 조금씩 변경하여 복수의 초기 조건의 앙상블을 구성하고, 각각의 초기 조건을 A 모델에 입력하고 수치 계산 과정에서 물리 과정의 매개 변숫값을 조금씩 변경해주면 복수의 예측 시나리오가 산출된다. B, C, D, Z의 모델을 가지고 각각 같은 과정을 거치면, 모델별로 복수의 예측 시나리오가 산출된다. 이렇게 모인 예측 시나리오의 앙상블을 통계적으로 분석하면, 예측 결과의 성공 확률 또는 신뢰 정도를 정량적으로 제시할 수 있다.

해상도

첫째, 사진의 화질이 해상도에 좌우되듯이, 모델도 해상도에 따라 분해하는 운동의 크기가 달라진다. 모델의 수평 해상도는 2차원 평면에서 단위 격자점 간 거리를 기준으로 한다. 이를테면 수평 해상도가 20km라면 모델의 강수량이 20km마다 하나씩 놓인 격자점 위에서 계산된다는 뜻이다. 이 격자점 위로 전선을 동반한 강수대가 이동한다면, 전선의 위치 오차는 최소 20km 이상이 된다. 전선이 시속 40km 속도로 이동한다면, 전선이 어느 지역에 도달하는 시점 오차도 최소 30분 이상이 된다. 한편 하나의 파동을 수치적으로 온전하게 표현하려면, 여러 개의 격자점이 필요하므로, 전선의 위치나 시점 오차는 이보다 훨씬 커지게 된다. 수평 해상도가 높아지면 그만큼 더 작은 운동까지도 직접 계산할 수 있다. 모델이 감당해야 할 변수의 자유도가 증가하고 변수 간 상호작용 경우의 수도 증가한다. 계산 과정이 복잡해지고 예측 오차도 커진다.

모델에서는 예측 기간을 단위 시구간으로 쪼개어 계산한다. 수평 해상도가 높아지면, 운동계가 단위 격자 간격을 통과하는 시간이 줄어들기 때문에, 시간 해상도도 상응하게 높아져야 한다. 대기 중에서 가장 빨리 전파하는 파동은 관성 중력파로서, 이동 속도가 초당 200m가 넘는다. 예를 들어 수평 해상도가 20km인 모델에서는 통상 1분마다 모델 변수의 미래값을 갱신한다. 이틀 후의 강수 예상도를 산출하려면, 1분 간격으로 2,880장의 강수 예상도를 모두 생산해야 한다. 수평 해상도가 높아지면, 그만큼 계산해야 할 시구간의 횟수도 늘어나게 된다. 변수 간 비선형적 상호작용도 그만큼 빈번하게 일어나, 결과적으로 모델의 예측 오차를 키우게 되는 또 다른 요인이 된다.

한편 Fig. 1.6의 물리 과정에서, 모델은 격자점에 포착되지 않은 작은 운동을 간접적으로 계산하게 되는데, 계산 과정이 단순하여 흔히 약한 강수를 과잉 예측하는 경향을 보인다. 또한 단말기 화면이나 인쇄용지에 강수 예상도를 그려내는 과정에서, 격자점 위의 모델 예측 강수량은 출력 장치 고유의 픽셀(pixel)값으로 치환하게 된다. 이 과정에서 본래의 강수 분포는 평탄해지기도 하고, 작은 강수 조직이 끼어들기도 한다(UKMet, 2012). 수치 계산이나 그림 출력 과정에 개입하는 잡음을 제거하기 위해서, 흔히 임곗값을 설정하고 이보다 작은 값은 영상이나 그림 위에 나타나지 않도록 한다. 임곗값을 크게 놓으면 물리적으로 유의미한 작은 강수 조직까지 그림에서 제거되고, 작게 놓으면 계산에 의한 잡음까지 그림에 남게 된다. 강수량 분포도에서 강수 유무의 경계나 작은 강수 조직을 식별할 때는, 이것이 인위적인 잡음인지 물리적인 신호인지 비판적으로 따져보아야 한다.

초기 조건

둘째, 모델은 초기 시점에서 Fig. 1.6의 단위 상자마다 중심 격자점에서 바람 벡터(u, v, w), 기온(T), 기압(p), 수증기량(q)을 확정하여 초기 조건을 구성하고, 예측 계산을 시작하게 된다. 격자점의 변숫값은 관측을 통해 확보해야만 한다. 지상의 관측망은 평균적으로 115km마다 하나씩 설치되어 있다. 선박이나 부이로 구성된 해상의 관측망은 이보다 못해 관측점 간 평균 거리는 250km로 증가한다. 고층 대기는 풍선을 띄우거나 항공기로 관측해야 한다. 고층 관측 지점 간 평균 거리는 623km 정도로서, 고층 관측은 지상 관측보다 훨씬 열악한 여건이다. 기상위성이나 기상레이더와 같은 원격 탐측 수단을 활용하여 전통적인 관측망을 효과적으로 보완하고는 있으나, 여전히 관측망의 한계로 인해 초기 조건에는 추정 오차가 따른다. 이 오차는 모델이 미래의 변숫값을 예측하는 과정에서 증폭된다. 아무리 미세한 오차라도 시간 흐름에 따라 기하급수적으로 커지면서, 통상 2주가 되면 예측 결과는 거의 무용해진다. 문제는 날씨 변화가 심한 곳에서 예측 오차도 더 빠르게 증가한다는 점에 있다. 발달하는 저기압이나 태풍의 주변 기압계가 조금만 달라져도, 향후 태풍의 경로나 강도에 큰 영향을 끼친다.

규모의 문제

셋째, 대기 상태의 변화 과정은 대규모 운동과 중·소규모 운동으로 나누어 볼 수 있다. 대규모 운동보다는 중·소규모 운동이 더 복잡하고 이해하기도 어렵다. 대규모 운동은 보존 원리에 입각한 유체 역학의 방정식을 통해 체계적으로 설명할 수 있다. 중·소규모 운동에 대해서는 통일된 이론이 따로 있지 않고, 분야별로 별도의 근사식을 채택하고 있다. 대규모 운동에 따른 변수의 변화는 직접 계산하는 반면, 중·소규모 운동에 따른 변수의 변화는 이차적인 매개 변수를 도입하여 간접적으로 계산한다. 매개 변수의 값은 보통 사전 학습을 통해 미리 정해두기 때문에, 기상 상황에 따라 유연성이 떨어진다. 유수 기상센터의 슈퍼컴퓨터가 계산한 기류 예측 자료에서도 중·소규모 운동의 예측성이 떨어지는 점을 Fig 1.7에서 확인할 수 있다. 대기 중층에서 전 지구적으로 파수가 5개 이하인 장파동은 +10일 이상까지도 예측할 수 있지만, 파수가 30개 이상인 단파 기압골은 2일 앞도 예측하기가 벅차다는 것이다. 지상 기압계는 지면의 국지적인 특성을 반영하고 있어서 중·상층의 기압계보다 예측성이 떨어진다는 앞선 조사 결과(Fig. 1.5)와 일맥상통한다.

모델 내부에서 계산하는 과정을 들여다보면, 대규모 운동보다는 중·소규모 운동에 임의적이고 인위적인 요인이 더 많이 개입하고 그만큼 모델의 예측 오차도 증가한다. 대표적인 예는 적운에 동반된 소나기 현상이다. 소나기구름은 난류 운동의 일종으로, 가변적이고 임의적이고 불규칙적이다. 현존하는 모델은 정도의 차이는 있겠으나 이 현상을 제대로 모의하지 못한다. 지면 부근의 난류 운동, 집중호우, 국지적인 강풍, 갑작스러운 폭설이나 폭우도 예측하기 어렵기는 마찬가지다. 예상 강수량은 복잡한 수치계산 과정의 결정체다. 강수량은 다른 변수들과 상호작용할 뿐 아니라, 작

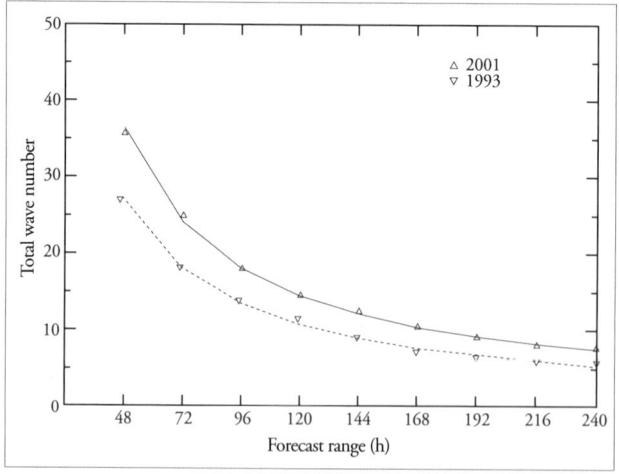

Fig. 1.7 기압계의 공간 규모에 따른 대기 중층(500hPa 등압면) 기류 예측 기간(시각). 유럽 중기 예보센터의 슈퍼컴퓨터 예측 기류 패턴과 관측한 기류 패턴의 상관 지수(anomaly correlation coefficient, %)를 분석한 것으로, 위의 곡선은 2001년, 아래 곡선은 1993년의 해당 값을 각각 표기한 것이다. 공간 규모는 파수(total wave number)에 반비례하여, 파수가 적어질수록 기류의 공간 규모는 커지고 예측 기간도 늘어난다. 파수가 5 이하인 장파동은 10일 이상도 예측할 수 있지만, 파수가 30개 정도의 단파 기압골은 이틀 이상 예측하기 어렵다(Persson, 2001, Fig. 36).

은 운동을 대표하는 구름의 변화와 직접 연관되어 있다. 다른 기상 요소를 예측하고 나서 계산되는 만큼, 다른 기상 요소의 예측 오차에 더욱 민감하게 반응한다. 덧붙여서 겨울철 눈은 연직 기온 구조에 특히 예민하게 반응하고, 적설은 지면 온도에 따라 달라진다.

3장

기술과 사람의 협업
PRECIPITATION FORECAST

1. 협업의 방향

컴퓨터와 사람은 각기 잘하는 일이 따로 있다. 컴퓨터가 잘하는 부분은 십분 활용하고, 취약한 부분은 사람이 보완한다면, 최선의 결과를 얻을 수 있다. 방대한 첨단 관측 자료와 최신 과학 기술을 구사해서 슈퍼컴퓨터에서 계산한 자료이건만 아직 기상 예측에는 크고 작은 오차가 따른다. 주요 기상센터에서는 슈퍼컴퓨터로 계산한 모델의 예측 성능을 WMO가 정한 표준 검증 지표에 따라 정기적으로 평가한다. WMO 홈페이지에 들어가 보면, 주요 기상센터의 예측 성능을 쉽게 비교해 볼 수 있다. 또한 각 기상기관의 홈페이지에서는 더욱 상세한 검증 결과를 확인할 수 있다. 인터넷에서 조회 가능한 주요 기관의 검증 결과를 Table 1.2에 제시하였다.

기관(가나다순)	예보 유형	인터넷 주소(http://)
미국 기상청 (NCEP)	수치 모델	www.emc.ncep.noaa.gov/gmb/STATS/STATS.html www.emc.ncep.noaa.gov/mmb/research/meso.verf.html www.wpc.ncep.noaa.gov/html/hpcverif.shtml
	태풍 예보	www.nhc.noaa.gov/verification/
	통계 모델	www.nws.noaa.gov/mdl/synop/verification.htm
	앙상블 예측 시스템	www.emc.ncep.noaa.gov/gmb/ens/verif.html www.emc.ncep.noaa.gov/mmb/SREF/VERIFICATION_32km/new.html/system_48km_30day.html
세계기상기구 (WMO)	수치 모델	www.wmo.int/pages/prog/www/DPFS/ProgressReports/index.html
영국 기상청 (UKMet)	일기 예보	www.metoffice.gov.uk/about-us/who/accuracy/forecasts
유럽중기 예보센터 (ECMWF)	수치 모델	www.ecmwf.int/en/forecasts/quality-our-forecasts
	앙상블 예측시스템	www.ecmwf.int/en/forecasts/quality-our-forecasts

기관(가나다순)	예보 유형	인터넷 주소(http://)
한국 기상청 (KMA)	일기 예보	www.kma.go.kr/weather/forecast/forecaetevalue.02.jsp

Table 1.2 단·중기 예측 검증 결과를 공개하는 인터넷 사이트. 예보 유형 중에서 '수치 모델', '앙상블 예측 시스템'은 각각 컴퓨터에서 계산한 예측 자료를 검증한 것이다. '태풍 예보'는 컴퓨터에서 계산한 태풍 진로와 강도, 또는 이를 주관적으로 해석한 자료를 검증한 것이다. '통계 모델'은 컴퓨터 예측 자료를 통계적으로 재해석한 결과를 검증한 것이다. '일기 예보'는 컴퓨터 예측 자료를 주관적으로 재해석한 결과를 검증한 것이다.

대규모 운동계의 기온, 기압, 바람에 대해서는 컴퓨터 모델의 예측 오차가 대체로 작지만, 중·소규모 운동계의 강수량 대해서는 예측 오차가 큰 편이다. 유럽 중기 예보센터의 예측 특성을 Table 1.3에 제시하였다. 반구 규모의 기류, 블로킹 패턴, 온대 저기압, 기온과 바람은 컴퓨터를 활용하여 +3~5일간은 무난하게 예측할 수 있는 반면, 예측 기간이 +5~7일까지 늘어나면 저기압 강도, 전선, 강수 현상에 대한 예측 능력은 떨어진다.

기상현상(feature)	3일 이하	+3~5일	+5~7일	+7~10일
반구규모 기류 전이 (flow transitions)	탁월	탁월	우수	예측성을 보이는 때가 있음
블로킹(blocking) 발생과 쇠퇴	완전무결	우수	보통	예측성 낮음
온대 저기압 발달과 약화	완전무결	보통	예측성 낮음	–
전선과 2차 발달	우수	보통		
기온과 바람	매우 우수	일 극값은 어느 정도 예측성 보임	평균값(5~10일)은 어느 정도 예측성 보임	
강수와 대규모 구름	우수	예측성 낮음	누적강수량(5~10일)은 어느 정도 예측성 보임	

Table 1.3 기상 현상에 따른 예측성. 유럽 중기 예보센터의 컴퓨터 예측 성능을 예측 기간별로 정리한 것이다. 예측 성능은 완전무결(perfect), 탁월(very excellent), 매우 우수(very good), 우수(good), 보통(fair)으로 등급을 분류하고, 보통 등급보다도 떨어지는 요소의 예측성은 정성적으로 서술하였다(Persson and Grazzini, 2007).

이 점은 미국 기상청의 강수 예보 지침서에도 잘 나타나 있다(NWS, 2008). "모델은 중규모 유형의 강한 호우 현상을 명시적으로 예측하는 데 한계가 있다. 개념적인 모델은 이 점에 착안한다. 중규모 호우가 발달하는 데 유리한 대규모 특징을 찾아내도록 돕기 위함이다."

따라서 예측성이 높은 일반 현상으로부터 예측성이 낮은 강수 현상을 추론해 간다면 예상 일기도 해석 과정에서 판단의 오류를 줄일 수 있다. 강수 현상의 관점에서 본다면, 대규모 운동계와 관련한 층운형 강수부터 살펴보고 난 후에, 중·소규모 운동계와 관련한 적운형 강수로 분석의 초점을 옮겨가는 것이 알기 쉽다. 큰 강수 조직이라면 대규모 운동계의 분석에 집중하고, 작은 강수 조직이라 하더라도 대규모 운동계의 환경 요인을 참작하면서 중·소규모 운동계의 분석에 임한다면, 보다 체계적으로 모델 강수량을 보정할 수 있다. 미국에서도 예보 실무에 '예보 깔때기(forecast funnel)' 개념을 도입하여 큰 현상에서부터 점차 작은 현상으로 접근하도록 권유하고 있다(Snellman, 1982).

모델에서 계산한 예상 강수량을 보정하기 위해서는 기상학적 지식, 모델에 대한 이해, 현장 경험의 삼박자가 고루 필요하다. 주요 기상센터에서도 이 점에 착안하여 각기 실무 학습 교재를 개발하여 예보 전문가를 훈련하는 데 활용하고 있다. 대표적인 예보 실무 교육 기관의 주소를 Table 1.4에 참고로 제시하였다. 특히 미국 국립대기과학연구소에서 주관하는 COMET 학습 프로그램 사이트에 접속하게 되면 인터넷을 통해 다양한 자기 학습 교재를 무료로 체험할 수 있다.

기관(가나다순)	분야	인터넷 주소(http://)
미국 국립대기과학연구소 (COMET)	기상 현상에서 일기 예측 기술에 이르기까지 심층적인 학습 교재	www.comet.ucar.edu/
아프리카 위성기상 교육훈련센터 (ASMET)	아프리카 지역 예보관을 위한 학습 교재로서, 나이지리아 EAMAC 센터와 유럽 위성 센터(Eumetsat)에서 공동 개발	training.eumetsat.int/course/
유럽 기상교육 훈련센터 (EUROMET)	수치 모델 자료 해석과 위성기상학 학습 교재로, 기상기관과 대학이 공동으로 개발	www.euramet.org/knowledge-transfer/training-materials/
유럽기상위성센터 (EUMETSAT)	예보관용 기상 정보 해석 기법에 관한 학습 교재로서, 오스트리아, 핀란드, 네덜란드의 기상청과 유럽 위성 센터가 공동 개발	eumetrain.org/satmanu/index.html
프랑스기상청 기상대학 (ANASYG-PRESYG)	예보관을 위한 종관 기상학 (synoptic meteorology)	www.meteorologie.eu.org/anasyg

Table 1.4 일기예보 훈련 교재를 멀티미디어 학습 환경(CAL, computer-aided learning)에 맞추어 제공하는 대표적인 인터넷 주소(Coiffier, 2004).

2. 강수 예상도 해석

실제 예보 현장에서는 모델이 제시하는 예상 강수량의 수치를 구체적으로 보정해야 한다. 이를테면 모델에서 어느 지점의 예상 강수량을 내일까지 150mm라고 예측했을 때, 이 값에서 얼마 정도를 보태야 할지 덜어내야 할지를 결정해야만 하는 것이다. 모델의 예측 자료를 정량적으로 보정하는 데 필요한 실무 지식은 기상 상황, 작업 여건, 개인의 경험과 전문 수준에 따라 달라진다. 미국에서 오랫동안 예보 실무 훈련을 지도해 온 스테판 자스코트와 윌리엄 부아는 5가지 방면에서 사람의 역할에 집중할 필요가 있다고 보았다(Jascourt and Bua, 2004). 모델의 초기 분석장과 물리 계산 과정, 적운형 강수 예측에 대한 모델의 한계, 기류 패턴에 따른 모델의 예측 편차, 계통적 모델 오차가 그것이다. 첫째부터 셋째까지가 모델의 일반적 오차 특성이라면, 넷째와 다섯째는 사용하는 모델과 처한 기상 여건에 따라 달라지는 특수한 오차 특성으로 볼 수 있다.

강수는 기상레이더나 기상위성 영상에 나타나는 현상적인 특징에 따라 몇 가지 패턴으로 분류할 수도 있겠다. 하지만 예보 실무적 관점에서 보면 패턴이란 모델의 예측 강수량의 물리적 원인을 제시하고 보정의 방향을 제시해주는 데 도움을 줄 수 있어야 한다. 강수를 유발하는 대규모 운동계는 지상 기압계에도 그 물리적 특징을 포괄적으로 드러낸다. 지상 기압은 강수량보다 예측성이 높을 뿐만 아니라, 시공간적 연속 함수라서 패턴을 식별하기 용이하다. 지상 기압계를 몇 개의 패턴으로 분류하고, 패턴별로 모델의 강수량 오차 특성을 정리해 둔다면, 모델의 예측 강수량을 보다 효과적으로 보정할 수 있다. 앞으로 8부에서 다루겠지만, 지상 기압계만으로는 대기의 연직 특성을 충분히 반영하기 어려운 한계는 있다. 그런데도 분석 시간이 부족하거나 다른 자료를 구하기 어려울 때는, 지상 기압 일기도만 보고 기압계 패턴을 찾을 수밖에 없다.

2부에서는 강수량을 구성하는 4가지 핵심 인자(ingredient)를 다루었다. 인자별로 모델의 일반적 오차 특성도 논의하였다. 3부부터 6부까지는 기압계 패턴별로 지상 기압계와 핵심 인자의 관계를 자세하게 다루었다. 기압계 패턴별로 핵심 인자가 강수량에 작용하는 방식을 살펴본 후, 모델의 핵심 인자를 고려하여 최종적으로 모델의 예측 강수량을 늘려야 할지 줄여야 할지 방향성에 관해 지침을 정성적으로 제시하였다.

기상 전문가는 여러 센터의 슈퍼컴퓨터에서 산출된 강수 예상도를 종합적으로 분석한다. 하지만 일반적인 독자의 입장이라면 단일 센터의 강수 예상도만 이해하더라도 상당한 정보를 취득할 수 있다. 어느 센터건 하나의 강수 예상도를 해석하고 보정하는 기법을 숙지하면, 우수한 센터를 골라내거나 여러 센터의 예측 결과를 적절하게 응용할 수 있는 안목을 갖추게 될 것이다. 여러 센터의 강수 예상도를 종합하여 활용하는 소위 앙상블 접근 방식에 대해서는 7부에서 자세하게 다루었다.

모델의 예측 강수량에 대한 정량적인 보정 규칙은 각자의 몫으로 남겨두고, 이 책에서는 주로 정성적인 지침을 제시하고자 하였다. 실무적인 예측 기술이란 것이 지역별로 기후 특성에 따라 다를 수 있고, 전문가마다 합의를 보기 어려운 부분도 적지 않다. 또한 강수량 예측 기술은 열려있는 학문 분야로서, 새로운 지식과 연구 결과를 반영하여 그때그때 유연하게 고쳐 쓸 수 있어야 하기 때문이다.

2부
모델 강수량 보정

1장

강수량 핵심 인자

1. 구성 요소

지역마다 기후가 다르고, 강수 특성도 다르다. 전문가마다 강수를 예보할 때 살펴보는 주요 인자도 다를 수 있다. 하지만 물리 법칙에 기반을 둔다면 더욱 보편적인 인자를 찾아볼 수 있을 것이다. 이러한 관점에서 예보 실무 전문가 사이에서 회자되는 핵심 인자 접근 방법(ingredient approach)은 주목할 만하다(Doswell et al., 1996; Schultz et al., 2002).

대기가 연속적인 흐름이듯이, 강수 현상도 마찬가지다. 또한 강수 현상은 여러 가지 물리적 힘이 복합적으로 작용하여 일어난다. 강수 현상을 물리적으로 동질적인 구역이나 시구간으로 세분하기는 쉽지 않다. 그렇다고 해도, 실무적인 관점에서는 Fig. 2.1과 같이 반경이 a인 커다란 원통 안에서 물리적으로 동질적인 힘이 작용하여 강수 현상이 일어난다고 가정하는 것이 편리하다. 원통의 깊이는 구름층의 두께와 같도록 설정하자. 원통은

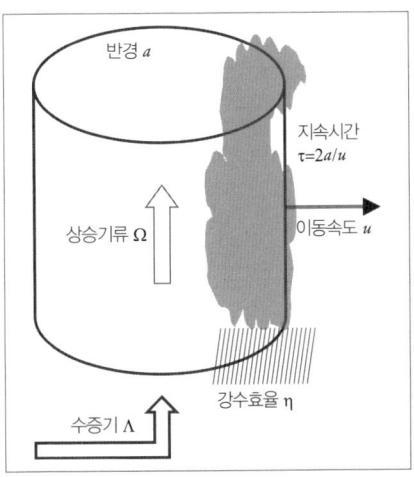

Fig. 2.1 강수량 핵심 인자 개념도. 채색 구역은 구름층이다. 빗금 구역은 강수 지역이다. 반경이 a인 원통 내부의 수증기량은 Λ이다. 상승 기류 Ω로 인해 구름이 발달하고, 강수가 내린다. 강수 효율은 η이다. 원통이 평균 u의 속도로 이동하면 원통의 지름이 한 지점을 통과하는 시간은 τ가 된다.

구름대와 함께 이동하고 강수는 τ시간 동안 지속한다고 하자. 또한 원통 안에서 작용하는 물리 과정도 τ시간 동안 동일하게 유지된다고 하자.

원통 내부의 난류 성분을 평균 성분과 구분하기 위해, 원에 대한 면적 평균의 개념을 도입하자. 반경 a를 수백 km 이상으로 넓게 잡는다면, 면적 평균 성분은 대규모 운동계를 대변하고, 평균에 대한 편차 성분은 개개 적운 세포와 이것들이 모인 적운 군집체를 대변한다고 볼 수 있겠다. 반경 a가 100km라면, 대규모 운동계의 파장은 최소 200km가 된다. 이는 단위 격자 간격이 25~30km인 모델에서 다루는 대규모 운동계의 규모와 비슷하다. 모델 격자점에 제대로 포착되는 운동계의 파장은 대략은 단위 격자점 간격의 6~8배에 해당하기 때문이다.

핵심 인자 접근 방법에 따르면, 강수량 R은 수증기량 Λ, 연직 상승류 Ω, 강수 효율 η, 강수 지속 시간 τ의 곱으로 결정된다(Doswell et al., 1996). 핵심 인자의 물리적인 의미를 이해하기 위해서는 수증기와 수분의 보존 방정식을 살펴보아야 한다. 자세한 수식 유도 과정은 부록에 수록하였다.

$$R = \Lambda \Omega \eta \tau \tag{1}$$

여기서 R은 시구간$(0, \tau)$ 동안 누적한 강수량을 물의 깊이로 나타낸 것이다. Λ는 주어진 기상 조건에서 습윤 공기가 상승하며 응결 가능한 유효 수증기량으로, 운저와 운고에서의 포화 비습(specific humidity)의 차이를 물의 깊이로 나타낸 것이다. 포화 비습은 공기가 최대로 함유할 수 있는 수증기량이다. 기온이 오를수록 포화 비습도 증가한다. Ω는 구름층의 연직 상승류로서, 기류가 상승할 때 양의 값을 갖고 하강할 때 음의 값을 갖는다. 원통의 내부에서 시구간$(0,\tau)$ 동안 강수 물리 과정이 동질성을 유지한다고 가정하면, Λ, Ω, η는 각각 원통의 면적과 시구간에 대한 평균값으로 볼 수 있다.

식 (1)에서 우변 세항을 곱한 $\Lambda\Omega\eta$은 강수율 또는 강수 강도(precipitation intensity)를 의미하고, 강수량은 강수 강도를 지속 시간에 곱한 값이다. 한편 식 (1)은 강수 형태와 상관없이 성립하므로, 비나 눈을 구별하기 위해서는 추가적인 판정이 필요하다. 구름이 높게 발달하여 구름 내부 기온이 빙점 아래로 떨어지면 고체 상태의 강수 입자가 존재한다. 또한 겨울철 지면 부근까지 빙점의 고도가 낮아지면 비 대신 눈이 내리기도 한다. 겨울철 강수량 예보에 대해서는 3부에서 좀 더 다루기로 한다.

수증기

대기 중의 수증기를 무게로 측정한다면, 매일 평균 2.54cm의 물기둥이 대기 중에 떠 있는 것이나 마찬가지다(Sutcliffe, 1956). 연직 수증기의 총량은 연직으로 수증기의 무게를 적분하여 구하고, 흔히 가강수량(precipitable water)으로 정의하여 물의 깊이로 나타낸다. 대기 중의 수증기가 모두 강수로 낙하하지는 않기 때문에 붙여진 이름이다. 전 지구적으로 연평균 강수량은 101.6cm 정도라서 열흘에 한 번꼴로 대기 중의 수증기가 비나 눈의 형태로 지상에 떨어진다고 볼 수 있다. 다른 각도에서 본다면, 매일 전 세계 면적의 10%에 해당하는 지역에 비나 눈이 온다고 볼 수 있겠다. 가강수량의 값은 계절에 따라 달라진다. 이 값이 평소보다 2배 이상 높아진다면, 이례적으로 많은 양의 비나 눈이 내릴 수 있어 주의해야 한다.

강수의 연료는 수증기다. 수증기가 많아지면 그만큼 강수량이 늘어날 공산이 크다. 수증기를 실은 기류가 모이거나, 수면이나 지면에서 수증기가 증발하면 대기 중의 수증기량이 증가한다. 수증기의 원천은 바다에 있다. 기류가 내륙보다 바다에서 들어올 때, 더욱 많은 수증기가 유입된다. 대기가 함유하는 수증기량은 기온에 좌우된다. 극지방보다는 열대 지역에서 온 기류가 더 많은 수증기를 함유한다. 또한 수증기는 주로 하층에 많이 분포하므로, 하층의 기류가 수증기 유입량을 상당 부분 좌우한다. 역전층이 대기 하층을 덮고 있다면, 수증기가 하층에 갇혀 쌓이기 유리하다. 반면 대기가 연직으로 불안정하면, 수증기가 연직으로 쉽게 확산하고 희석되어 하층에 쌓이기 어렵다.

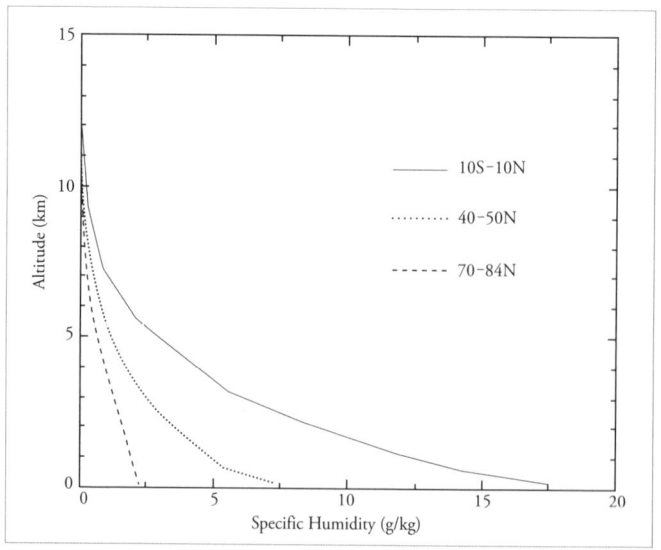

Fig. 2.2 고도(altitude)에 따른 수증기량(specific humidity, g/kg)의 변화. 저 위도로 갈수록 기온이 상승하여, 수증기량도 증가한다. 연직적으로는 고도가 2km 이하의 하층에 많이 분포한다(Oort, 1983).

한편 식 (1)에서 Λ는 구름 기층의 상하 간에 포화 수증기량의 차이, 즉 유효 수증기량이라는 점에 유의해야 한다. 수증기는 상승 기류를 타야 비로소 강수의 전 단계인 구름이 될 수 있다. 하지만 하층의 수증기가 포화하여 있지 않다면 상승 기류에 의해 습윤 공기가 상승하면서 먼저 포화하여야 할 것이다. 포화한 수증기는 계속 상승하다가 부력이 더는 받쳐주지 않으면, 응결이 멈추고 이 고도가 구름의 상한이 된다. 중층까지 수증기가 많이 유입하면 그만큼 응결에 유효한 수증기량도 증가하고 구름층도 두꺼워진다. 같은 조건이라면 고온의 해상에서 유입한 수증기가 유효 수증기량도 많다.

상승 기류

대기 중의 수증기는 기류가 상승하는 지역에서 응결하여 구름으로 전환하게 된다. 하강 기류 지역에서는 구름이 있다 하더라도 점차 소산될 것이므로, 강수를 기대하기 어렵다. 상승 기류는 원인에 따라 크게 2가지 유형으로 구분할 수 있다.

첫째, 대규모 기압계의 작용이다. 하층에서 온습한 공기가 유입하면 주변 공기보다 가벼워져 상승 기류가 유도된다. 질소나 산소는 수증기보다 무겁기에, 공기 중에 수증기가 차지하는 체적이 늘어날수록 그만큼 공기는 가벼워진다. 한편 상층에서 기압골이나 저기압이 접근해도, 그 전면에서 역학적 힘이 작용하여 상승 기류가 유도된다.

둘째, 중·소규모 기압계의 작용이다. 한란의 기단이 대치한 전선면이나 지형의 경사면에 기류가 유입하면 경계면을 따라 기류가 상승하거나 하강하게 된다. 지형에 바람이 부딪히면 사면의 경사각과 사면에 정면으로 유입하는 바람의 세기에 따라 상승 기류의 강도가 달라진다. 사면이 가파를수록, 풍속이 강할수록 상승 기류도 거세진다. 또한 연직으로 불안정한 대기 조건에서 적운이 발달하면 국지적으로 강한 상승 기류와 함께 주변에 하강 기류가 유도된다.

강수 효율

수증기가 응결하여 액체나 고체 상태의 작은 강수 입자가 대기 중에 모이면 구름이 된다. 구름속의 강수 입자 중에는 복잡한 구름 물리 과정을 거치면서 성장하여 비나 눈으로 낙하하기도 하고 주변 공기와 섞여 증발하기도 한다. 수증기 유입량과 상승 기류의 조건이 동일하더라도, 강수 효율에 따라 강수량은 달라진다.

상승 기류 지역이라면 일단 구름은 형성된다고 보아야 한다. 문제는 구름이 낀다고 해서 반드시 강수로 전환되지는 않는다는 것이다. 구름의 종류에 따라 강수 효율도 다르다. 강수가 내리는 구름이 있고 내리지 않는 구름이 있다. 강수가 있더라도 내리는 양이 다르다. 대기 흐름은 연속적이므로 기류가 상승하는 곳이 있다면 다른 곳에는 하강하는 지역이 있다. 상승 기류와 하강 기류가 균형을 이룬다면, 전 지구적으로 평균 10%의 강수 효율을 가진다고 보았을 때(Sutcliffe, 1956), 상승하는 지역에서는 강수 효율이 평균적으로 20% 내외라고 볼 수 있다.

일반적으로 구름층이 두꺼울수록 강수 효율이 높다. 습도가 낮으면 그만큼 낙하하는 강수의 증발량도 늘어나 강수 효율이 떨어진다. 구름층이 엷은 층운보다는 두꺼운 적운이 강수 효율이 높다.

지속 시간

강수 강도와 함께 강수량을 결정하는 다른 요소는 지속 시간이다. 아무리 강한 비가 내리더라도 지속 시간이 짧으면 그다지 큰 문제가 되지 않는다. 반면 보통 비라도 며칠간 줄기차게 이어지면 큰 피해를 유발할 수 있다. 미시적 관점에서는 강수 시스템의 모양과 이동 속도에 따라서 강수 지속 시간이 좌우된다. 지점마다 강수 시스템이 통과하는 시간이 달라지기 때문이다. 예를 들어 강수 시스템이 타원형 모양을 하고 있다 치자. 장축에 나란하게 이동한다면, 단축에 나란히 이동할 때보다 강수 시스템이 통과하는 데 더 오랜 시간이 걸린다.

한편 거시적 관점에서 보면 대규모 기압계의 움직임이 느릴수록 강수 지속 시간은 길어진다. 현재 진행 중인 강수 시스템뿐만 아니라, 앞으로 발달할 가능성까지 고려하여 강수 지속 시간을 잡으려면, 강수량을 결정하는 핵심 인자인 수증기량, 상승 기류, 강수 효율을 복합적으로 살펴봐야 한다. 세 인자가 모두 일정한 크기를 갖추어야 강수가 내리게 되므로, 이 중에서 가장 먼저 크기가 기준값 아래로 떨어지는 인자가 강수 지속 시간을 결정한다.

강수 지속 시간을 가늠하기 위해서는 기압계 패턴을 따지기에 앞서 다음 2가지 사항을 먼저 생각해 볼 필요가 있다.

첫째, 이동형인지 정체형인지를 살펴봐야 한다. 이동형 강수 시스템에서는 주 기압계를 따라 수증기 유입 통로, 수증기 응결을 지원하는 상승 기류, 강수 효율이 높은 지역이 함께 이동한다. 강수의 원인이 되는 기압계 패턴의 규모, 이동 방향과 속도에 따라 강수 지속 시간이 달라진다. 온대 저기압이나 전선에 동반한 강수대는 대표적인 이동형이다. 태풍 중심부의 나선형 강수대도 이 부류에 속한다. 반면 정체형 강수 시스템에서는 특정한 지점이나 통로를 따라 계속해서 새로운 비구름이 생겨나는 것이 특징이다. 여름철 집중호우는 대표적인 정체형이다. 장마 전선이 남북으로 느리게 진동하며 동서로 이어진 전선대를 따라 중규모 저기압이 반복해서 발달하여 지나가면서, 소위 장맛비가 이어진다. 한편 장마가 끝난 후 북태평양 고기압의 가장자리에 우리나라가 위치할 때, 서남서풍의 좁은 통로를 따라 적운이 동서로 줄이어 발달하면 매우 국지적인 집중호우가 발생한다. 강수 시스템이 이동하는 방향의 후방에서 새로운 강수 세포가 계속 발생하여 해당 지점을 반복하여 지나간다면, 발생 횟수만큼을 단위 강수 시스템의 지속 시간에 곱해주어야 총 강수 지속 시간을 구할 수 있다.

둘째, 층운형인지 적운형인지 따져봐야 한다. 층운형 강수는 대규모 운동계의 지원을 받는 경우가 많다. 적운형 강수는 직접적으로는 중·소규모 운동계와 관련되어 있지만, 대규모 운동계의 간접 지원을 받는 경우도 적지 않다. 층운형 강수에 대해서는 대규모 운동계의 이동과 강도를 살피는 것으로 충분하다. 일반적으로 층운형 강수는 널리 분포하므로 강수 지속 시간이 길다. 적운형 강수에 대해서는 강수 시스템을 지원하는 연직 불안정 요인과 시어(shear)의 구조가 유지되는지를 추가로 살펴야 할 것이다. 또한 새로운 적운이 발생하기 유리한 방아쇠 요인에 대해서도 고찰이 필요하다. 개별 적운 세포는 폭이 좁아 강수 지속 시간이 짧다. 하지만 여러 개의 적운 세포가 군집을 이루거나, 반복적으로 발생하여 한 지점을 통과한다면, 강수 지속 시간도 늘어나게 된다.

2. 강수량 예측 오차

데비드 슐츠와 동료 연구진은 핵심 인자 접근 방법 (ingredient approach)을 기본 틀로 삼아 모델 강수량 예측 결과를 보정하자고 제안한 바 있다(Schultz et al., 2002). "예보관, 연구진, 학생을 비롯한 과학자들은 핵심 인자 접근 방법이 제시하는 대로 최선을 다해 자연에서 벌어지는 강수 과정에 집중해야 한다. 여기서 얻은 지식을 예보 현장에서 모델의 정량적 강수 예측 결과와 결합해야 한다. 그리고는 모델과 자연의 대기가 움직여 가는 추세를 고려하여 모델의 결과를 적절하게 보정해야 한다."

모델 강수량 예측 오차를 식 (1)의 표현을 빌려 나타내보면,

$$R = R_m + \Delta R_m \tag{2}$$

여기서 R_m과 ΔR_m은 각각 모델의 예측 강수량과 오차를 나타낸다. R은 참값으로 사후 관측된 검정 강수량이다. 모델의 예측 오차를 정확하게 알 수 있다면, 강수량도 정확하게 예보할 수 있다. 하지만 R과 ΔR_m은 예보를 내고 나서 사후에 결정되는 값으로, 예보할 당시에는 알 수 없는 값이다. 다만 과거의 기록을 통해서 모델의 계통적 오차를 미리 추정해 볼 수는 있다.

모델의 예측 강수량과 대응하는 기상레이더 탐측 강수량을 각각 Fig. 2.3과 2.4에 예시해 보였다. 크게 2가지 특징이 눈에 띈다.

첫째, 기상레이더가 포착한 강수 띠는 선형으로 서울광역시 정도의 폭

인 데 반해, 모델에서 모의한 강수 조직은 펑퍼짐한 모양으로 경기도보다 훨씬 넓은 영역에 걸쳐 분포하고 있다. 모델의 수평 해상도는 10km로서 이론적으로는 폭이 50km가 되는 강수 띠를 충분히 모의할 수 있지만, 모델 내부의 여러 가지 결함으로 인해 실제 강수대의 구조나 특성을 자세하게 모의하지 못한 것이다.

둘째, 관측 강수 강도는 시간당 40mm에 육박하는 반면, 모델의 예측 강수량은 실황과 가장 근접한 시간대에도 18시간 동안 40mm 정도에 불과하여 실제보다 18배나 과소 예측하였다. 이 사례는 모델이 예측한 강수량의 분포가 강수 조직, 주 강수 시점과 강도의 측면에서 실제와 상당히 다를 수 있다는 점을 보여준다. 또한 체계적으로 모양을 갖추어 진행하는 전선성 강수대에 대해서도 모델의 예측 강수량을 보정하는 문제가 만만치 않다는 점도 시사한다. 하물며 산발적으로 여기저기 발달하여 소멸하는 국지성 호우에 대해서는 모델 예측 자료를 해석하고 보정하는 문제가 얼마나 어려운 것인지 이 사례로 미루어 짐작해 볼 수 있겠다.

모델의 강수량 예측 오차가 발생하는 원인은 크게 초기 조건과 계산 과정의 불확실성에서 비롯한다.

첫째, 모델은 각 변수의 초깃값을 확정해야 계산을 시작할 수 있다. 하지만 관측 자료의 시·공간적 대표성과 품질에는 한계가 있다. 또한 관측 자료를 모델 변수로 치환하거나, 관측 지점의 자료를 모델 격자점으로 옮겨오는 과정에도 분석 오차가 개입한다.

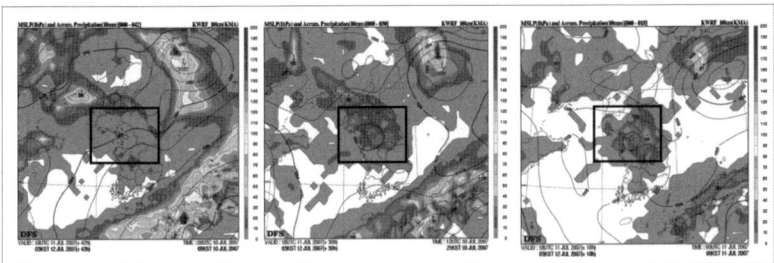

Fig. 2.3 모델(WRF)의 예측 강수량 사례. 해면 기압 등치선 위의 채색 구역은 등급별 누적 강수량이다. 모델의 격자점 간격은 수평으로 10km이다. 연직 층수는 40개다. 목표 시점은 2007년 7월 12일 03시이고, 초기 조건의 시점과 누적 강수 기간은 각각 (좌) 10일 09시, 42시간; (중) 10일 21시, 30시간; (우) 11일 09시, 18시간. 단위는 mm이다. 중부 지방에 그려진 사각 상자는 관심 예보 지역으로, 강수 강도가 대체로 균질적인 구역이다(Lee(2011)의 Fig. 9.2.2). (출처: 기상청)

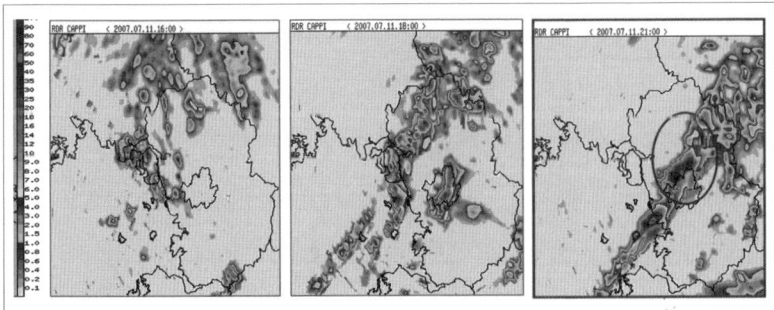

Fig. 2.4 기상레이더 추정 강수량. 모델 예측 강수량의 목표 시점(Fig. 2.3, 2007년 7월 12일 03시)에 대응한 관측 강수량으로, 채색 구역은 등급별 강수량이다. 좌측부터 우측으로 각각 2007년 7월 11일 15시, 18시, 21시에 탐측한 기상레이더 추정 우량이다. 단위는 mm/hr. 당일 저녁부터 휴전선 부근에서 선형 강수대가 조직화(동그라미 구역)하며 밤 동안 서서히 중부 지방으로 남하하였다(Lee(2011)의 Fig. 9.2.2). (출처: 기상청)

둘째, 모델은 자연보다 단순하다. 특히 중·소규모의 운동과 지면 부근의 난류 운동은 모델에서 모의하는 데 한계가 있다. 모델과 자연의 차이는 계산 과정을 반복하는 동안 점차 커진다. 예측 기간이 길어질수록 반복 계산 횟수도 늘어나고, 모델의 예측 오차도 빠르게 증가한다. 그렇다고 해도 대규모 강제력(forcing)이 지배하는 기압계의 흐름이나, 산맥, 바다, 습지와 같은 특이 지형에 반응하는 기상 현상에 대해서는 대체로 모델의 예측

성능이 우수한 편이다. 반면 중·소규모의 힘이 작용하거나 난류의 영향을 심하게 받게 되면 모델의 예측 성능도 많이 떨어진다.

모델이 분해할 수 있는 대기 운동의 크기에 따라, 초기 조건과 계산 과정도 영향을 받는다. 예측하고자 하는 대상의 규모가 최소한 모델의 단위 격자점 간격보다 6~8배는 되어야 제대로 모의할 수 있다. 운동계의 공간 규모가 120~160km인 파동을 제대로 모의하려면, 단위 격자점 간격을 20km보다는 작게 설정해야 한다는 것이다. 일반적으로 모델의 해상도가 떨어질수록 강수량 예측 오차도 커진다. 그렇다고 모델의 해상도가 우수하다고 해서 반드시 예측 오차가 작아지지도 않는다. 관측망의 조밀도가 충분하지 못하거나, 모델의 물리 과정이 불완전한 것도 예측 오차를 키우는 원인이 된다. 더욱이 관측 자료와 모델의 예측 특성이 균형을 이루는 초기 조건을 확보하기 쉽지 않다는 점은 여전히 숙제다. 지면 경계 조건의 영향을 받는 기상 현상은 예외에 속한다. 모델의 해상도가 높아질수록 지형 지세가 더욱 정교하게 모델에 반영되기 때문에, 예측 성능도 동반 상승한다 (MetED, 2001).

작은 운동 중에서도 적운 강수 과정을 다루기가 가장 어렵다. 적운을 동반한 소나기는 주 상승 기류가 차지하는 면적을 기준으로 보았을 때, 공간 규모가 1km 내외에 불과하다. 모델의 해상도가 이보다 촘촘하다고 하더라도, 적운형 강수량 예측 오차는 쉽게 줄어들지 않는다(MetED, 2002b). 특히 구름의 미세 물리 과정이 복잡해서 적운의 발생 시점에 대한 모델의 예측 능력은 턱없이 부족한 편이다(MetED, 2010). 적운 강수 예측이 잘못되면 문제가 되는 적운만 영향을 받는 것이 아니다. 적운형 강수를 잘못 모의하면 주변 중규모 기압계가 왜곡되고, 기압계 오차는 바람을 타고 전방에 놓인 기압계로 전이되어, 적운의 이동 경로 상에 놓인 대규모 기압계의 예측 오차도 함께 커지게 된다. 이하에서는 핵심 인자별로 모델이 갖는 오차의 특성을 크게 대규모 운동계와 적운을 동반한 중·소규모 운동계로 구분하여 각각 살펴보고자 한다.

2장

핵심 인자의 오차 특성

1. 수증기량

풍계가 바다로 열려있고 기류가 오랜 기간 바다나 호수를 거쳐 왔다면, 그만큼 대기가 함유하는 수증기도 늘어난다. 대규모 기압계에 대한 모델의 예측성이 대체로 높은 만큼, 바람과 수증기의 유입 경로에 대한 모델의 예측성도 높은 수준을 보인다.

한편 수증기를 하층에 가두어 두는 것은 역전층과 하층 강풍대의 몫이다. 수증기가 연직으로 확산하지 못하도록 뚜껑을 막아 놓거나, 하층에서 다량의 수증기를 한꺼번에 몰아 놓으면, 수증기가 한곳에 축적될 수 있는 조건이 조성된다. 하지만 연직 해상도가 떨어지고 미세 물리 과정의 계산 기법이 단순하여, 모델에서 역전층이나 하층 강풍대의 자세한 변화를 모의하거나 예측하는 데 한계가 따른다. 특히 여름철 고기압 가장자리에서 하층 강풍대가 발달하며 일어나는 집중호우의 시점과 위치에 대한 모델의 예측 능력은 현저하게 떨어진다.

2. 상승 기류

대규모 운동계에서 작용하는 상승 기류는 모델이 효과적으로 모의하는 편이다.

첫째, 하층에서 온습한 기류가 유입하는 지역이나, 상층에서 저기압성 회전 바람이 접근하는 전방에는 상승 기류가 유도된다. 모델이 모의하는 대규모 기압계의 흐름에 따라 상승역의 위치나 강도가 결정된다.

둘째, 하층에서 전선대가 강화될 때도 난기가 점유한 지역에 상승 기류가 유도된다. 전선대를 가로 지르는 축 위에서 일어나는 상승·하강운동의 규모는 통상적인 대규모 운동 규모와 적운 규모의 중간에 해당한다. 전선에 동반된 상승 기류의 위치와 강도는 대규모 기압계의 상승 기류보다 예측성이 떨어지므로, 모델이 예측한 전선성 강수대의 시점이나 강수 강도에 대해서도 더욱 비판적인 해석이 필요하다.

셋째, 맞바람이 사면에 부딪히면 상승 기류가 유도된다. 지형의 규모와 맞바람의 규모에 따라 상승 기류의 규모도 달라진다. 태백산맥처럼 남북으로 기다란 산맥에 저기압이나 고기압이 접근하면, 맞바람에 의한 상승 기류의 규모도 산맥의 규모에 상응하게 커진다. 반면 국지풍이 불거나 지형 지세가 복잡하면, 산지에 유도된 상승 기류의 규모도 작고 복잡해진다. 따라서 지형의 규모가 충분히 클 때는 사면에서 유도되는 상승 기류도 모델이 잘 소화해내지만, 지형의 규모가 작고 복잡하거나 국지풍이 작용한 지형성 상승 기류는 모델이 다루는 데 한계가 있다.

넷째, 연직적으로 불안정한 대기 환경에서는 적운 대류에 의해 강한 상승 기류가 일어나는데, 워낙 국지적인 특성이 강해서 모델이 이 현상을 제대로 모의하기 어렵다.

3. 강수 효율

강수 효율은 대부분 물리 과정과 관련된 것으로, 4가지 핵심 인자 중에서 다루기가 가장 어렵다. 강수 물리 과정은 구름 내부의 강수 입자의 크기 분포와 다양한 강수 입자 간의 복잡한 충돌 병합 과정까지도 다루는데, 모델은 이것을 간단한 방식으로 모사하거나 매개 변수를 도입하여 계산한다. 한편 구름 외부의 기온, 습도, 바람의 연직적 구조가 구름 내부에서 강수 입자의 성장과 쇠퇴에 영향을 미친다. 모델의 연직 해상도에는 한계가 있어서, 경계층 주변의 연직 대기 구조를 모델로 분석해 내는 데 적지 않은 계산 오차가 관여한다.

강수 효율은 모델이 직접 계산하는 변수가 아니라는 점에 유의하자. 강수량 예측 결과를 역산하여 강수량과 수증기량의 관계를 진단해보는 것에 불과하다. 모델의 강수 효율을 파악하기도 어렵고, 이 값을 보정하기란 더욱 어렵다. 개념적인 측면에서 보면, 부록의 식 (A.4b)나 (A.10b)의 우변에서 증발률과 수적의 발산율, 즉 구름의 확장률을 살펴봄으로써, 모델의 강수 효율을 보정하기 위한 과학적 근거를 찾을 수 있을 것이다. 하지만 실무적인 관점에서 보면 지역 기후 특성과 최근의 모델 추세를 참작하여, 모델의 강수 효율을 경험적으로 보정할 수밖에 없다. 설령 강수 효율을 별도로 따져보지 않더라도, 수증기량, 상승 기류, 강수 지속 시간을 통해서 모델의 예측 강수량을 상당 부분 보정할 수 있을 것이다.

4. 지속 시간

기압계가 아주 빠르거나 느리게 이동하는 경우에는, 모델의 강수 지속 시간에도 상당한 예측 오차가 따른다. 전자는 온대 저기압에 동반된 한랭 전선이 중·상층의 강한 북서풍을 타고 빠르게 남동 진하거나, 중규모 강수 시스템이 조직적으로 발달하며 후방 중층에서 강한 하강 기류가 유도될 때 자주 나타난다. 후자는 주로 상층의 절리된 저기압이나 고기압의 흐름과 관련이 있거나, 아니면 하층에서 역 'V'형 기압골의 이동과 관련이 있다.

대기가 불안정하여 적운형 강수 세포가 산발적으로 발생하거나, 수증기 공급선이 약해 적운의 강도가 약할 때도 강수의 시종을 가름하기 쉽지 않다. 한편 중규모 운동계가 작용하며 한 곳에서 계속 새로운 적운 세포가 발생하게 되면, 강수 시스템이 정체하며 강약을 반복하게 되는데, 이때도 강수 지속 시간을 예측하기 어렵기는 마찬가지다. 적운형 강수에서는 하층의 수증기를 가두어 두는 역전층이 해소되어야, 불안정한 대기에 잠재한 대류 에너지가 위로 분출하며 강수가 시작된다. 지형, 전선, 해륙풍, 지면 차등 분포 등 다양한 중규모 기상 조건이 역전층을 약화하는 방아쇠(trigger) 역할을 하게 되는데, 모델이 이러한 대기 하층의 연직 구조를 상세하게 모의하는 데 어려움이 따른다.

3장
강수량 오차 보정

1. 위치와 강도 보정

모델을 기반으로 한 강수량 예보는 예측 오차 ΔR_m 에 대한 예보로 환원된다. 과거 기록을 통해서 모델의 강수량 예측 오차에 대한 일반적인 특성이나 통계적 검증 자료는 알 수 있으나, 현재의 기상 상황에서 모델이 예측한 미래 시점의 강수량 예측 오차를 정확하게 알 수는 없는 일이다. 모델의 강수량 예측 오차는 예보 담당자의 입장에서 보면 보정해 주어야 할 값이다. 이제 식 (1)의 강수량 핵심 인자를 각각 모델 예측값과 보정값으로 나누고, 식 (2)에 대입하면,

$$R = R_m + \Delta R_m$$
$$= (\Lambda_m + \Delta\Lambda_m)(\Omega_m + \Delta\Omega_m)(\eta_m + \Delta\eta_m)(\tau_m + \Delta\tau_m) \qquad (3)$$

여기서 하단 첨자 m은 모델의 예측값을 나타낸다. 증분 연산자 Δ이 가해진 증분항은 모델에 대한 보정값을 나타낸다. 식 (1)을 다시 식 (3)에 대입하면,

$$\Delta R_m = R_m (\Delta\Lambda_m/\Lambda_m + \Delta\Omega_m/\Omega_m + \Delta\eta_m/\eta_m + \Delta\tau_m/\tau_m) \qquad (4)$$

여기서 보정값이 모델 예측값에 비해 작다고 가정하여, 2차와 3차 제곱 증분항을 각각 무시하였다. 하지만 강수 지속 시간 τ가 48시간을 넘어서면 선형적인 가정이 성립하기 어려우므로, 식 (3)의 고차 증분항을 보정값에 포함해야 할 것이다(Persson and Grazzini, 2007). 식 (4)에서 모델 예측 강수량에 대한 보정값은 크게 4부분으로 나누어진다. 강수량을 결정하는 핵심 인

자마다 각각 보정값과 모델 예측값의 비율만큼 강수량의 보정값에 기여한다. 예를 들어 수증기 유입량을 모델 예측값보다 20% 늘려 주어야 한다면, 강수량 보정값도 그만큼 늘어나게 된다. 같은 방식으로 지속 시간이 30% 늘어난다면, 강수량도 그만큼 늘어나게 된다. 두 증분항을 더하면 강수량 보정값은 50%가 늘어난 셈이 된다. 부록의 정의에 따라, 식 (4)의 우변 첫 3항은 각각 τ_m동안 시평균 값이고, 모델 격자점별로 값이 달라지는 2차원 함수라는 점을 상기하자. 따라서 식 (4)를 이용하여 모델 강수량을 주관적으로 보정하려면, 추가적인 가정이 필요하다.

먼저 모델 예측 강수량 분포도에서, Fig 2.1과 같이 목표 지역을 원으로 설정한다. 원의 중심은 목표 지역 안에 든 강수량의 무게 중심에 놓는다. 목표 지역은 주요 강수 현상을 포함하면서도, 지속 시간 τ_m 동안 강수 시스템이 이동하는 거리보다 넓고 충분하게 잡아야 한다. 예측 기간이 늘어날수록 목표 지역도 넓게 잡아야 한다. 앞서 Fig. 2.3과 2.4의 사례를 예로 들어 살펴보자. 먼저 모델의 관점에서 보면, Fig. 2.3의 사각 상자 내부에서 강수 강도가 대체로 균질적이고 또 주변 강수 시스템과도 독립적이라서, 중부 지방을 하나의 원으로 설정해 볼 수 있겠다. 관점을 좁혀, Fig. 2.4에서 동그라미 영역의 전선성 강수에 집중한다면, 이번에는 경기도의 절반 영역을 원으로 설정해 볼 수도 있을 것이다. 강수 예보의 대상 영역을 설정하고자 할 때, 모델의 예측 강수량 분포뿐만 아니라 모델의 예측 한계를 넘어선 국지적 강수 가능성도 함께 고려해 주어야 한다는 것을 시사한다.

이 원안에서 변수의 대푯값은 면적 평균을 취해 구할 수 있다. 보정상수 κ를

$$\Delta R = \kappa R_m \tag{5}$$

로 정의하고, 변수별로 원의 면적에 대한 평균을 취한 후 식 (3)과 (4)의 과정을 거치면

$$\langle R \rangle \simeq \langle R_m \rangle (1 + \kappa) \tag{6a}$$

여기서

$$\kappa = \Delta \langle \Lambda_m \rangle / \langle \Lambda_m \rangle + \Delta \langle \Omega_m \rangle / \langle \Omega_m \rangle + \Delta \langle \eta_m \rangle / \langle \eta_m \rangle + \Delta \langle \tau_m \rangle / \langle \tau_m \rangle \tag{6b}$$

이고 $\langle \ \rangle$은 원에 대한 면적 평균값이다.

식 (5)와 (6)에서 강수량의 보정 성분은 모델의 예상 강수량에 보정 상수를 곱해서 구하게 된다. 결국 모델이 예측한 강수 강도를 보정하는 문제는 단순하게 보정 상수를 결정하는 문제로 귀착한다. 모델의 수평 해상도가 낮아질수록 κ값을 더 크게 잡아야 한다. 또한 여러 모델의 평균 예상 강수량을 보정해야 한다면, 취합하는 모델의 개수가 늘어날수록 κ를 더 크게 잡아야 한다. 양자 모두 예상 강수량을 과소 평가하는 경향을 바로잡으려는 조치다. 만약 κ가 커서 증분값의 크기가 모델 예측값과 비슷해지면, 식 (6)의 근사는 실패한다는 점에 유의하자. 모델의 강수 강도가 매우 강해도 문제지만 약할 때도 이 가정이 깨지기 쉽다. 그렇다고 해도 예보 현장에서는 때때로 κ를 200~300%까지 높게 상정하기도 한다.

이제 수치 모델의 예측 강수량에 대한 오차 보정은 Fig. 2.5의 모식도와

같이, 크게 2단계로 진행할 수 있다.

첫째, 목표 지역의 모델 강수량을 일률적으로 평행 이동하여, 공간적 위치를 보정한다. 온대 저기압, 태풍, 중규모 시스템, 전선, 적운 세포에 동반한 강수대는 해당 기압계나 강수 구성 요소의 이동 경로를 분석하여 위치 오차를 보정할 수 있다.

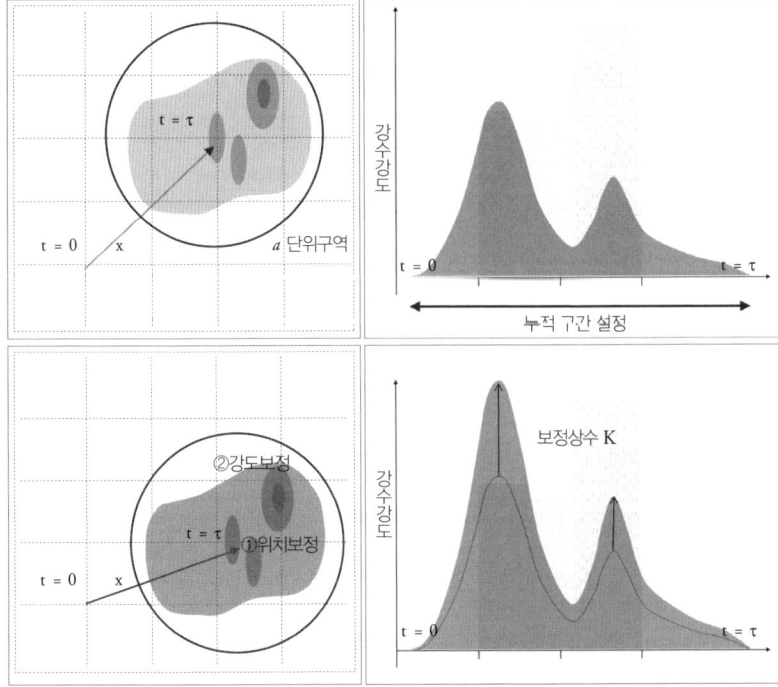

Fig. 2.5 모델의 예측 강수량 보정 절차. 상단 그림에서는 반경 a를 가진 원의 단위 구역과 누적 구간 또는 강수 지속 시간 τ를 설정하고, 하단 그림에서는 위치와 강도를 보정하는 방식을 보여준다. (상좌) 적운형과 층운형이 혼합된 강수대에 대한 모델의 예측 강수량 또는 기상레이더 반사도 탐측 영상의 모식도. 바둑판 모양은 모델의 격자점을 나타낸다. 강수대 외곽의 원은 모델의 예측 강수량을 보정하기 위해 설정한 단위 구역이다. 화살표는 τ시간 동안 강수대의 이동 벡터를 가리킨다. 채색이 짙을수록 강수 강도가 높다. 땅콩 모양의 약한 강수대 내부에는 국지적으로 강한 강수역이 포진해있다. (상우) 지점 X에서 감지한 시각별 강수 강도. 강한 적운형 강수 세포가 통과한 후 이차 세포가 통과한 모습이다. 양쪽 화살표는 강수량을 보정하기 위해 설정한 최소 시구간이다. 채색 구역을 τ시간 동안 적분하면 총 강수량을 구할 수 있다. (하좌) 먼저 원의 중심을 옮겨 모델 강수역의 위치를 보정하고, 다음으로 원안의 강수량에 일률적으로 보정 상수 κ를 곱해 모델 강수 강도를 보정한다. (하우) 모델 강수량에 보정 상수 κ를 곱한 후에 지점 X에서 감지한 시각별 강수 강도이다.

둘째, 모델 강수량에 일률적으로 보정 상수 κ를 곱해 보정 강수량을 산정하고, 이 값을 원래의 모델 강수량에 보태준다. 이 방식은 예보 실무 환경에서 시간이 부족하여 복잡한 계산이나 분석을 하기 어려운 경우에 특히 유용하다.

2. 상승기류와 강수 구역 세분

지금까지는 단위 시구간 $(0, \tau)$ 동안 반경 a를 가진 원 안에서 일어나는 강수 현상에 국한하여, 수증기 유입, 상승 기류, 강수 효율, 강수 지속 시간이 강수량에 미치는 영향을 다루었다. 소구역 안에서는 동일한 물리적 원인이 강수 과정에 작용한다고 가정한 것이다. 만약 예보 대상 구역이 넓거나, 여러 가지 물리적 원인이 복합적으로 강수 과정에 작용한다면, 원인별로 소구역을 분할하면 된다. 하지만 현실에서는 서로 다른 구역의 경계에서 열, 운동량, 수증기의 교환이 일어나고, 이 상호작용의 결과로 서로 다른 구역은 상호 영향을 미친다. 소구역의 경계가 주변 지역과 완전히 단절되는 것을 피하기는 어렵지만, 주변 지역의 영향이 최소가 되도록 경계를 확정해야 한다.

식 (6a)를 번째 소구역에 대해 고쳐 쓰면,

$$\langle R^i \rangle \simeq \langle R_m^i \rangle (1 + \kappa^i) \tag{7}$$

여기서 상단 첨자 i는 예보 대상 구역 내 i번째 소구역을 나타낸다. $\langle R^i \rangle$와 $\langle R_m^i \rangle$는 각각 i번째 소구역에서 면적 평균한 검정 강수량과 모델의 예측 강수량이다. κ^i는 i번째 소구역에 대한 모델 예측 강수량의 보정 상수다. 각 소구역별로 각기 독립적으로 모델 강수량을 보정할 수 있겠지만, 주변 강수 시스템과 상호작용이 강한 곳에서는 주변 소구역의 기상 여건을 고려하여 더욱 비판적으로 보정에 임해야 한다.

각 소구역 별로 모델의 예상 강수량을 식 (7)과 같이 보정한 다음, 면적에 대한 가중 평균을 취하면 전체 대상 구역에 대한 평균 누적 강수량을 구할 수 있게 된다.

$$\langle R \rangle = \sum_i \langle R_m^i \rangle (1 + \kappa^i) A^i / \sum_i A^i \tag{8}$$

여기서 A^i는 i번째 소구역의 면적이다.

물리적 원인에 따라 소구역을 분할하는 방식은 전문가마다 기상 여건에 따라 다를 수 있다. 앞서 식 (1)의 핵심 인자 중에서 강수를 유발하는 상승 기류의 관점에서 보면, 저기압과 전선에 동반한 층운형 강수, 대기 불안정에 의한 적운형 강수, 지형성 강수로 대별할 수 있다. 모델이 계산한 강수 예상도에서 강수량의 공간적 구조와 분포를 보고 큰 강수 조직과 작은 강수 조직으로 나누어 살펴본다. 일차적으로 큰 강수 조직은 층운형 강수가 널리 분포하고 대규모 강제력이 작용한 것인지, 아니면 지형적 요인이 가세한 것인지 살펴본다. 작은 강수 조직은 소나기 계열의 적운형 강수가 아닌지 따져본다. 지형의 구조나 지면의 특성 분포와 닮은 강수 조직이 있다면 지형성 강수가 아닌지 검토해 본다. 한 가지 짚고 갈 것은 층운형 강수가 반드시 전선 주변에서만 내리는 것은 아니라는 점이다. 대규모 강제력이 약해 전선이 뚜렷하지 않더라도 국지적으로 미세 물리 과정이 작용하여 강수가 내리기도 한다(Metoffice, 2004). 이슬비가 대표적인 예다.

대상 예보 구역 내에 3가지 유형의 상승 기류가 각기 다른 지역에서 진행한다면, 구역을 원인별로 구분하여 각기 강수량을 보정하면 그만이다. 하지만 강수 현상은 어느 지점에서 여러 원인이 복합적으로 작용하여, 동질 구역으로 세분하기 쉽지 않은 경우도 있다. 여기에 지형 효과가 가세하면 좀 더 복잡한 형태가 된다. 대규모 기류 패턴에 따라 적운이 발달하기 유리한 지역과 시점이 달라진다. 대기가 불안정하면 층운형 강수 구역 안에 적운형 강수 구역이 섞일 수 있다. 지형성 강수도 마찬가지다. 기압계 배치에 따라 영향을 받는 산지의 경사면과 범위가 달라진다. 지형적 영향을 받는 곳에서도 층운형 강수뿐 아니라 적운형 강수도 발달하기도 한다.

세 가지 유형의 강수가 한데 섞여 있는 복잡한 소구역에서는 상승 기류를 세 가지 성분으로 나누어 생각해 볼 수 있다.

$$\Omega = \Omega_{syn} + \Omega_{conv} + \Omega_{ter} \tag{9}$$

여기서 Ω_{syn}는 대규모 운동계에 의한 상승 기류로서, 온대 저기압과 전선에 따른 상승 기류가 대표적이다. Ω_{conv}는 적운 대류에 의한 상승 기류이고, Ω_{ter}는 지형에 의해 유도된 상승 기류이다. 식 (9)는 3가지 요인이 각기 독립적으로 상승 기류를 유도하는 데 작용하고, 각각의 효과는 선형적으로 더할 수 있다고 본 것이다. 이를테면 저기압이 산맥에 접근하면 저기압에 동반한 상승 기류에 지형에서 유도된 상승 기류를 합하면 된다. 기압계에 의해 상승 기류가 일어나는 곳에서는 구름이 발달하고 하층에서 기류 일부가 산비탈을 상승한다면 구름 활동이 더욱 촉진된다. 상승 기류가 더해진 만큼 강수량도 증가한다고 볼 수 있다. 모델이 예측한 수증기량, 강수 효율, 지속 시간을 신뢰할 수 있어서 이 핵심 인자에 대해서는 별도의 보정 작업을 할 필요가 없다는 전제하에, 소구역 안에서 3가지 물리 과정이 선형적으로 작용하는 이상적인 경우를 가정하면, 식 (6b)를 다음과 같이 간소화할 수 있다.

$$\kappa \simeq \frac{\Delta \langle \Omega_{syn} \rangle + \Delta \langle \Omega_{conv} \rangle + \Delta \langle \Omega_{ter} \rangle}{\langle \Omega_{syn} + \Omega_{conv} + \Omega_{ter} \rangle} \tag{10}$$

일반적으로 강수 과정은 대규모 기압계와 중·소규모 기압계 간 상호작용으로 영향을 받으므로, 식 (10)의 선형적인 가정에는 한계가 있다. 예를 들어 기압계에 의한 상승 운동이 일어나면 대기가 불안정해지기 쉽고, 대

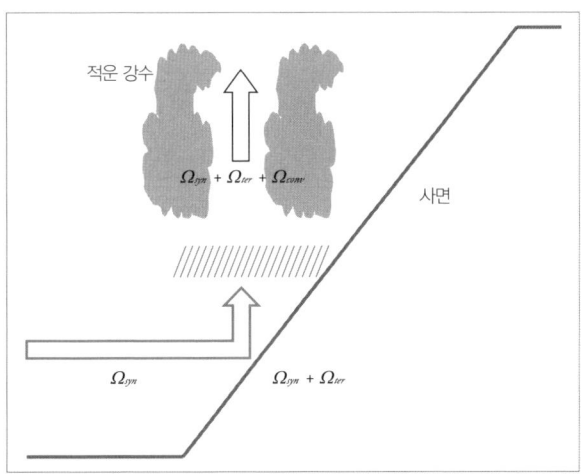

Fig. 2.6 저기압의 전면에서 완만하게 상승하는 기류(Ω_{syn})가 사면에 부딪히면 지형적 요인으로 인한 상승 기류(Ω_{ter})가 가세한다. 대기가 불안정하여 적운이 발달하면 잠열을 방출하며 강한 상승 기류(Ω_{conv})가 유도된다. 강수량 핵심 인자 중에서 수증기, 강수 효율, 지속 시간이 일정하고 선형적인 가정이 만족된다면, 적운형 강수량은 총 상승 기류의 합($\Omega = \Omega_{syn} + \Omega_{conv} + \Omega_{ter}$)에 비례한다.

류 활동으로 인해 국지적으로 더 강한 상승 기류가 발달한다. 저기압이 접근하거나 전선이 강화되며 유도된 상승 기류가 깊은 적운을 촉발한다면, 거대 적운 집단으로 조직화하면서 상승 기류가 더욱 강해질 수도 있다. 다른 예로, 산비탈을 따라 기류가 상승하면, 단열 팽창하여 기온이 하강하고 찬 공기가 하부에 깔리면서(cold air damming) 대기 하층의 기온과 수증기 분포가 달라지고, 강수 효율도 영향을 받는다. 주변의 방아쇠 조건이 달라져 적운 활동도 영향을 받는다. 한편 적운에 의해 발생한 열과 운동량이 주변 기압계에 재분배되면, 하층의 기압 배치가 달라지거나 지형을 향한 바람 구조도 달라지고 지형성 상승 기류도 영향을 받는다.

3. 시구간 설정

한편 소구역마다 강수 지속 시간이 달라질 수 있다. 될 수 있는 대로 동일한 물리적 여건이 지속하는 기간을 시구간 τ로 잡아야 한다. 강수 시스템을 통제하는 대규모 기류 시스템의 이동과 세력의 변동에 우선 주목할 필요가 있다. 우리나라는 동서로 300km, 남북으로 500km 내외이므로 강수 시스템의 이동 속도가 30km/hr라면 이 시스템이 통과하는 데 10~15시간 정도 걸린다. 통상 시구간을 24시간 이상으로 잡으면 충분하다. 반면 정체하는 시스템은 때로 2~3일 동안 계속해서 한 곳에 영향을 미치므로 시구간을 충분히 늘려 잡을 필요가 있다. 한편 대기가 불안정하여 국지적으로 적운이 발달하면 적운 시스템의 규모에 따라 1~6시간 정도로 시구간을 작게 잡고 시스템의 변화에 따라 기민하게 적응해가야 한다.

원칙적으로 소구역별로 면적에 상응하게 τ를 각각 정하는 것이 합리적이다. 하지만 전체 예보 대상 구역에 대한 면적 평균 예상 강수량을 결정하고자 한다면, 소구역 중에서 강수 지속 시간이 가장 긴 지속 시간을 기준으로 삼는 것이 편리하다. 그러나 강수 구간 τ가 48시간을 넘어서면, 식 (4)의 선형적인 가정이 성립하기 어렵다는 점을 항상 기억해야 한다(Persson and Grazzini, 2007). 일반적으로 공간 규모가 큰 운동계가 수명도 길다. 개별 시구간별로 누적 강수량을 보정한 후에, 여러 시구간에 대해 합산하면 총 누적 강수량을 얻게 된다. 소구역과 시구간을 너무 작게 잡으면 동질성은 확보할 수 있으나 머릿속에서 셈법이 복잡하고, 너무 크게 잡으면 셈법은 단순하나 동질성을 확보하기 어렵다.

　소구역과 시구간을 어떻게 설정하느냐에 따라, 면적 평균 강수량의 산정 방식과 결과도 달라진다. 실무적인 관점에서 보면, 하나의 물리적 원인만 작용하는 강수 구역을 구분해 내기도 쉽지 않을 뿐 아니라, 하나의 소구역 안에서도 4가지 핵심 인자인 수증기, 상승 기류, 강수 효율, 지속 시간이 서로 맞물려 상호작용하기에, 선형적인 관점으로 문제를 풀기에는 상당한 한계가 있다. 특히 모델의 강수 효율 예측값을 주관적으로 보정하기는 매우 어렵다. 결국 소구역과 시구간을 적절하게 설정함으로써, 비선형적 상호작용의 문제를 최소화하는 것이 요령이다. 하지만 서비스 고객의 이해관계에 맞추어 가야 하기에, 소구역과 시구간을 무작정 물리적인 관점에서만 바라볼 수는 없다. 예를 들면 기상청에서는 일반인에게 강수량 예보를 제공할 때, 예보 시구간은 일 간격으로 "오늘부터 내일까지" 또는 "오늘부터 모레까지"로 구분하고, 예보 지역은 크게 중부 지방, 남부 지방, 제주 지방으로 크게 나눈다. 지형적 요인이 가세하거나, 강수 지역에 대한 불확실성이 높은 때는, 남해안, 동해안, 경기 북부, 강원 영동 지방으로 다시 세분하기도 한다. 고객의 요구 조건을 맞추다 보니 소구역과 시구간이 기상 상황과 물리적으로 부합하기 어려울 때는 예상 강수량의 범위를 늘려 잡아 현실 여건에 맞추어 갈 수밖에 없다.

　시구간을 충분히 늘려 강수 지속 시간보다 크게 잡는다면, 강수량 범위는 예보 대상 구역에 따라 달라진다. 구역 내 강수량의 공간적인 편차가 크면 강수량 범위도 늘어나고, 편차가 작으면 강수량 범위도 줄어든다.

　첫째, 대규모 기압계에 동반한 강수 시스템이라면, 예보 구역을 지나가는 시점이나 예보 구역 내에 강수대가 차지하는 면적 비율에 따라 강수량의 공간 편차가 달라진다. 대규모 기압계에 대한 예측성이 낮은 여건이라면, 강수량의 범위를 늘려 잡아야 한다.

　둘째, 지형적 영향을 받아 강수량이 증가하거나 적운이 발달하며 국지성 강수가 증가할 때도, 강수량의 편차는 더욱 벌어지게 되므로 강수량 범위도 상응하게 늘려 주어야 한다. 기상청에서는 상황에 따라 5~10mm, 5~20mm, 10~30mm, 30~80mm, 100~150mm의 강수량 범위를 흔히 사용하고, 여름철 적운형 강수 비율이 높을 때는 이 밖에도 5~40mm, 10~70mm, 50~150mm, 100~200mm, 150~300mm의 강수량 범위도 자주 이용한다. 강수량의 지역 편차가 특히 심할 것으로 예상할 때는 특정 지역을 한정하여 "많은 곳은 ○○○mm"이라고 표기하기도 한다. 여러 모델 예측 시나리오를 참고할 수 있다면, 강수량 범위를 정성적인 몇 개의 계급으로 나누는 대신, 기상 상황에 따라 강수량 범위를 다양한 방식으로 좀 더 유연하게 설정할 수 있다. 이 점은 7부의 앙상블 기법에서 좀 더 부연하기로 한다.

이제 기압계 패턴별로 모델의 예측 강수량 오차 특성과 보정 방법을 검토할 차례다. 일기 예보에 필요한 기본적인 기압계 패턴과 우리나라 기후의 종관적(synoptic) 특성에 대해서는 이우진(2006a)와 Lee(2010)에서 각각 제시한 바 있다. 전자가 예보 실무에 필요한 기능적 요소를 정돈하는 데 초점을 맞춘 것이라면, 후자는 기후 통계적 배경 지식을 확장하는 데 주안점을 두었다. 양자는 상호 간에 독립적이라기보다는 보완적인 관계로 보아야 할 것이다. 강수를 유발하는 기압계 패턴들은 대개 온대 저기압과 전선, 태풍, 적운 군집체, 지형 효과와 직접 간접으로 관련되어 있다. 기압계 패턴은 규모의 크기에 따라, 대규모 운동계가 지배적인 패턴과 중·소규모 운동계가 함께 작용하는 패턴으로 구분할 수 있다. 온대 저기압과 전선은 전자에 가깝고, 적운 군집체는 후자에 가깝다. 태풍은 양자의 혼합체로, 중심부는 후자에 가깝고, 외곽 지역은 전자에 가깝다. 지형 효과는 부가적으로 강수에 영향을 미친다. 겨울철 강설 현상은 그 물리적 특성이 여름철 강수 현상과 다르지만, 기압계 측면에서는 유사점도 적지 않아, 이를 별도로 다루기보다는 온대 저기압과 지형 효과를 살펴볼 때 함께 다루었다. 다음 장부터는 기압계 패턴별로 모델의 예측 강수량을 보정하는 데 필요한 점검 목록을 제시해 보기로 한다. 강수량을 정량적으로 보정하는 기술은 다분히 공학적이며, 개인별로 다른 기술과 노하우가 있게 마련이다. 여기서는 점검 항목별로 강수량을 늘릴 것인지 아니면 줄일 것인지에 대한 정성적인 방향성을 주로 제시하고자 하였다.

3부
대규모 기압계

1장

수증기량
PRECIPITATION FORECAST

1. 바람의 역할

유입한 수증기량이 강수량의 상한을 결정한다. 어느 지역에 강수량이 늘어나려면 일차적으로 수증기가 많이 모여들어야 한다. 수증기는 주로 바다, 호수, 강과 같이 개방된 수면에서 물이 증발하여 발생한다. 수증기가 많이 모이려면 우선 원천 지역에서 증발이 원활해야 한다. 증발한 수증기가 바람에 실려 와야 한다. 또한 수증기가 흩어지지 않도록 기류가 모여들어야 한다.

증발

수면 부근에서 난류가 강할수록 증발이 원활하다. 해수가 인접 대기보다 따뜻할수록 대기 불안정에 의한 난류도 심해진다. 연직 대기 불안정도는 상층과 하층 기온의 상대적 차이에 따라 좌우된다. 차가운 한기가 남하하며 서해안에 내리는 지형성 강설도, 상대적으로 따뜻한 해면에서 수증기가 증발하여 눈구름에 유입되었기에 가능한 일이다. 한편 수면 위의 바람이 강할수록 시어에 의한 기계적 난류도 강해진다. 고온의 열대 해양에서 태풍이 지나가며 바람이 강하게 부는 곳에서 수증기 증발량은 극대가 된다.

기단의 이동 경로

따뜻한 공기가 차가운 공기보다 함유할 수 있는 수증기 용량이 크다. 여름철 남서풍을 타고 온 따뜻한 공기는 겨울철 북서풍이 몰고 온 차가운 공기보다 수증기를 더 많이 함유한다. 공기의 이동 경로에 따라 수증기 유입량은 달라지고, 모델은 지역적인 특성을 고려하여 강수량을 계산하게 된다. 적도를 중심으로 남북으로 30°N~30°S에 이르는 벨트에는 대부분 바다가 차지하고 있다. 계절에 따라 여름에는 고온의 중심축이 제법 적도 북쪽으로 치우치고 겨울에는 조금 남쪽으로 치우쳐있다. 여름철이 되면 열대에서 아열대에 이르기까지 해수 온도가 27°C 이상 되는 지역이 폭넓게 분포한다. 제주도 먼 남쪽 해상까지 접근하기도 한다. 따뜻한 해상에서 장시간 체류한 공기는 많은 수증기를 함유한다. 태풍은 대표적인 수증기 수송 수단이다. 태풍은 열대 해상에서 발생하여 남해 상으로 진입할 때까지 보통 일주일 이상을 따뜻한 바다 위에서 이동한다. 여름철 남서 또는 남동풍에 실려 국내에 유입한 수증기는 호우의 주원인이다.

상대 습도

동일한 기온 조건이라 하더라도, 기압계에 따라 공기 속의 수증기는 가용한 최대 용량에 도달하기도 하고 크게 못 미치기도 한다. 다시 말해 상대 습도가 달라진다. 기류가 모이는 저기압 부근에서는 상대 습도가 높아지지만, 기류가 흩어지는 고기압 부근에서는 상대 습도가 떨어진다. 온대 저기압의 이동 경로에 따라, 상대 습도도 달라진다. 여름철에는 온대 저기압이 따뜻한 남쪽 해상을 지나오기 때문에, 해면으로부터 수증기를 충분히 받아 상대 습도는 90% 이상에 육박한다. 반면 겨울철에는 온대 저기압이 상당 기간 시베리아나 중국 대륙을 건너오기 때문에, 차고 건조한 지면으로부터 수증기를 충분히 받지 못해, 상대 습도는 낮아지고 25~30%에 그치는 경우도 적지 않다.

풍향

온대 저기압이 접근하더라도 풍향에 따라 상대 습도는 달라진다. 겨울철이라 하더라도 남해 상으로 온대 저기압이 접근하면, 그 전면에서 남동 풍을 타고 남해 상의 수증기가 대거 중부로 유입하여 큰 눈이 오기도 한 다. 한편 여름철이라 하더라도 온대 저기압이 만주로 이동하면, 그 후면에 서 서북 서풍을 타고 발해만의 수증기가 유입하게 되는데 수증기량이 많지 않아 국내 강수량은 그다지 많지 않다. 대신 서늘한 공기가 유입하면서 대 기가 불안정해져 강한 소나기가 단속되기도 한다. 이렇듯이 온대 저기압이 지나가더라도, 바람의 방향에 따라 지역적으로 상대 습도와 강수량은 크게 달라진다.

2. 역전층의 역할은 양면적

대기는 사면 팔방으로 통하고, 하늘을 향해 위로 열려있다. 하층의 찬 공기 위에 따뜻한 공기가 놓이면 대기가 안정해서 하 층의 수증기가 연직 방향으로 섞이기 어렵다. 그 경계면 상에 기온의 역전 층이 위치한다. 역전층이 수증기를 하층에 가두어 놓는 솥뚜껑 역할을 한 다. 역전층 하부에 바다로부터 강풍대가 형성되어 있다면, 짧은 시간 동안 에도 다량의 수증기가 충전될 수 있다.

한편 하층의 따뜻한 공기 위에 찬 공기가 놓이면, 대기는 불안정해지 고, 역전층이 약해지거나 해소된다. 수증기가 바람에 실려 하층으로 들어 오더라도, 연직 방향으로 흩어지기 쉽다. 강수를 제조할 연료는 더는 충 전되기 어렵다. 하지만 이미 하층에 수증기가 충분히 쌓여 있다면, 강수가 내리기 유리한 조건이다. 온난 전선을 타고 오르는 공기가 이런 형국이다. 따라서 역전층이 해소되기 전까지 얼마나 오랫동안 수증기 유입했는지에 따라 이후에 내릴 강수량이 좌우된다. 한랭 전선이 접근하면 빠르게 대기가 불안정해지고 역전층이 해소되면서 매우 강한 소나기성 강수가 일어난다.

모델은 연직 해상도가 낮아 하층에서 급격하게 변화하는 경계층의 구조를 충분히 표현하지 못한다. 특히 역전층의 고도와 강도를 모의하는 데 취약하다. 역전층이 강화되며 하부에 수증기가 쌓이는 시점이나, 역전층이 약화하여 적운이 발달하는 시점을 분석하거나 예측하는 데 불확실성이 크다.

3. 저기압과 수증기 통로

북반구에서 바람은 온대 저기압의 중심축을 따라 시계 반대 방향으로 분다. 지면 마찰력을 고려하면, 저기압 중심부를 향해 모여드는 바람 성분도 일부 섞여 있다. 하지만 수증기 유입량을 분석하는 데 중요한 하층과 중층의 바람은 지면 부근의 바람과 차이가 있기에 유의해야 한다. 하층에서 중층에 이르기까지 연직적인 바람의 변화를 염두에 두고, 입체적으로 수증기 공급선을 그려봐야 한다. 강수의 직접적인 연료인 수증기는 지상 저기압이 아니라, Fig. 1.4에서 예시한 바와 같이, 하층에서 중층에 이르는 기류의 컨베이어벨트 구조에 달려있기 때문이다.

다행히 모델은 컨베이어벨트를 따라서 습윤한 공기가 상승하는 과정을 자세하게 계산해 낸다. 설령 지상 기압계에서 중·하층 기류의 컨베이어벨트를 직접 그려볼 수 없다 하더라도, 강수량 예상도에 그 효과가 충분히 반영되어 있어서 크게 걱정할 필요는 없다. 저기압이 발달 단계에 있으면, 하층의 온난 기류 컨베이어벨트를 통해 수증기가 원활하게 공급되고 있다는 신호다. 따라서 모델이 예측하는 지상 저기압의 강도를 보면서 유입 수증기량을 보정해 볼 수도 있겠다. 하지만 모델의 +5일 예측 저기압 강도는 하층의 회전 바람(vorticity)을 기준으로 보았을 때, 초기 분석 시각의 오차보다 2배 이상 증가하고, 과소 예측하는 경향이 있다는 점에 유의할 필요가 있다(Froude, 2011). 다시 말해 모델이 예측한 것보다 저기압이 더욱 발달할 가능성을 염두에 두고, 수증기 유입량을 보정하는 것이 바람직하다.

모델이 그려낸 강수 예상도를 보면, 온대 저기압의 모양은 뚜렷한데도 불구하고 강수량은 작게 예측할 때가 있다. 저기압이 성숙 단계를 지나 쇠약 단계에 들어설 때 종종 볼 수 있다. 저기압이 성장을 멈추면 상층에서도 지상과 비슷한 위치에 폐곡된 저기압이 위치하게 된다. 수증기가 수송되는 통로가 급하게 굴절되다 보니, 남쪽의 온습한 수증기가 북쪽으로 이동하는 흐름이 저지되기 때문이다. 이런 경우에는 지상 저기압보다는 하층과 중층 기류의 컨베이어벨트를 입체적으로 그려보면서, 모델이 강수량을 적게 모의하는 이유를 살펴야 할 것이다.

반면 늦여름 고기압 가장자리에서 다량의 수증기가 유입되며 집중호우가 유발되는 것은 또 다른 극단이다. 통상적으로 고기압에서는 대기가 안정하고 무난한 날씨가 전개되지만, 하층에서 서남서풍을 타고 온습한 열대 기단의 공기가 계속 유입되면 사정이 달라진다. 통상 고기압권에서는 강수 현상이 드물고, 설령 나타나더라도 강도가 약하다는 상식에 대한 반전이다. 앞선 두 사례는 강수량을 예보하고자 할 때, 지상 기압계보다는 하층에서 수증기가 어디서 어느 통로로 흘러가는지를 꼼꼼히 살펴야 한다는 점을 일깨워 준다.

2장
상승 기류

수증기가 상승하면 구름이 되어 강수로 전환한다. 바람에 의해 수증기가 실려 오더라도, 상승하지 않으면 응결하기 어렵다. 상승하는 기류는 하층에서 기류가 모여들거나 상층에서 기류가 흩어질 때 가능하다. 수증기는 주로 하층에 몰려있고 상층으로 갈수록 급격하게 농도가 옅어지므로, 하층에서 수렴하는 기류가 강수에 유리하다. 게다가 수렴하는 기류에 바다에서 불어오는 바람이 합류한다면, 더 많은 강수량을 기대할 수 있다.

기압계의 규모를 보면 상승 기류의 크기를 대강 짐작할 수 있다. 먼저 온대 저기압은 통상 수평 규모가 1,000km를 넘고 대기권은 연직으로 10km 내외이므로 수평과 연직 규모의 비는 100:1이 된다. 수평 풍속이 10m/s라면 연직 속도는 최대 0.1m/s를 넘기 어렵다. 이론적으로 추정한 상승 기류의 크기는 이보다 작은, 대략 0.01m/s 정도다. 다음으로 전선대의 폭은 넓어 봐야 100km이므로 수평 연직 규모의 비는 10:1로 줄어든다. 한랭 전선에서 일어나는 상승 기류의 연직 속도 규모는 대략 1m/s 정도로 추정해 볼 수 있다.

지상 기압 예상도에서 12시간 또는 24시간 간격으로 온대 저기압의 중심 기압을 추적해보면, 저기압의 발달, 정체, 쇠약 단계별로 중심 기압의 변화를 쉽게 확인할 수 있다. 중심 기압이 낮아지면 저기압은 발달 단계에 있고, 높아지면 쇠약 단계에 있다. 중심 기압이 빠르게 낮아질수록 그만큼 저기압은 강하게 발달하게 된다. 하층에서 저기압이 발달한다는 것은 상층에서 기류가 발산하고, 이를 보상하기 위해 중층에서 상승하는 기류가 형성되어 있다는 신호다. 상층의 발산 기류가 강하고, 중층의 상승 기류가 강할수록, 지상 저기압도 그만큼 빠르게 발달한다. 반대의 경우에는 빠르게 약해진다. 급격하게 발달하는 저기압에서는 중심 기압이 하루에 24hPa 이상 낮아지기도 한다.

일반적으로 모델은 저기압의 발달과 쇠퇴 경향을 대체로 무난하게 모의하고 있어서, 저기압 중심의 기압 변화를 읽어서 상승 기류의 강도 추이를 정성적으로 가늠할 수 있다. 하지만 모델의 정량적인 강도 예측 오차는 상당하다. 유럽 중기 예보센터의 모델 예측 자료에 대한 조사에서는, 저기압의 강도 오차가 예측 기간이 매 2일 늘어날 때마다 2배씩 크기가 증가하고, +5일 이후에는 증가 폭이 둔화하는 경향을 보였다(Froude, 2009). 앞서 수증기장에 대한 논의와 마찬가지로, 모델은 저기압 강도를 과소 예측하고 예측 기간에 따라 강도 오차가 증가하기 때문에, 모델의 강도 예측 오차를 염두에 두고 상승 기류의 보정에 임하는 것이 바람직하다.

상층 강풍대와 컨베이어벨트

바람은 고도가 높아질수록 풍속이 세지기 때문에, 상층의 바람 구조에 따라 중·하층의 연직 기류가 영향을 받는다. 특히 상층의 발산 기류가 중·하층의 상승 기류를 상당 부분 제어한다. 상층의 흐름에서는 대규모 운동계를 지원하고 구름 집단을 조직화하는 선행 요소(precursor)를 찾아보기 쉽다. 역학 이론에 의하면 상층 강풍대(jet streak)는 흔히 하층에서 발달한 전선대 위에 포진하는데, 상층 강풍대 입구 우측에는 발산 기류가 자리 잡고 입구 좌측에 수렴 기류가 놓인다. 그래서 우측 하층에는 자연스럽게 상승 기류가 유도되고 좌측 하층에는 그 반대급부로 하강 기류가 유도된다. 같은 방식으로 상층 강풍대 출구 우측에는 하강 기류, 출구 좌측에는 상승 기류가 각각 유도된다. 상층 강풍 축은 통상 하층 전선대에 나란하게 동서 방향으로 사행한다. 상층 강풍대 입구의 상승 구역은 강풍대 출구의 상승 구역보다 열대의 열원과 가까워서, 중·하층에서는 더욱 가파르게 기류가 상승하고 구름 활동도 보다 활발하다. 이렇게 남쪽의 온습한 공기는 비스듬히 북을 향해 상승하고 북쪽의 한건한 공기는 하강하게 된다. 하층의 기온 분포와 상층의 강풍대가 맞물려 기류의 컨베이어벨트가 형성되어, 벨트의 상승 구역에서는 구름과 강수 활동이 활발하고, 하강 구역에서는 대신 증발 과정이 진행한다. 증발로 인해 기온이 낮아지면 기체가 무거워져 하강 기류는 강화된다. 하강 구역으로 중층의 건조한 공기가 함께 유입하게 되면, 하강 기류가 강화되면서 반대급부로 상승 구역의 구름 활동이 더욱 촉진하기도 한다.

상층의 회전 바람

상층에는 동서 바람 성분이 매우 강해서 소용돌이치는 회전 바람이 섞여 있어도 기압계에서는 그 모습이 잘 드러나지 않는다. 하층처럼 폐곡된 모양의 저기압이나 고기압을 찾아보기 쉽지 않다. 그렇지만 회전 바람 성분(vorticity)을 계산하여 일기도에 중첩해보면, 하층의 저기압처럼 강한 회전 바람 구역을 쉽게 찾아볼 수 있다. 상층에서 시계 반대 방향의 회전 바람 구역이 바람을 타고 이동해 온다면, 이 구역의 전방에는 상승 기류가 유도되고 하층에서는 온대 저기압이 발달하게 된다. 대기가 불안정하면 저기압 대신 깊은 적운이 발달하기도 한다. 상층의 저기압성 회전 바람 구역은 종종 성층권의 건조하고 안정한 공기를 동반하여, 기상위성의 수증기 채널 영상에서 돋아난 암역으로 나타나기도 한다. 통상 이 암역의 진행 방향 전면(dark edge)에서 흔히 적운이 발달하므로, 단시간 뇌우 예보 판단 과정에서 선행 지표로 쓰인다. 한편 지상 일기도에서는 상층 회전 바람의 흐름을 식별할 수 없으므로, 모델의 예상 일기도에서 온대 저기압이 강화된다면 그 물리적 원인 중 하나로 상층 회전 바람의 영향을 주목해 볼 수 있겠다.

하층 난기 유입

따뜻한 공기는 주변 공기보다 가볍다. 또한 습윤한 공기는 수증기를 많이 함유하고 있어, 건조한 공기보다 가볍다. 따뜻한 공기는 차가운 공기보다 수증기를 더 많이 포함할 수 있어서, 수증기가 보태질 때마다 더욱 가볍게 상승하게 된다. 반면 차고 건조한 공기는 더욱 무겁게 하강하게 된다. 온습한 공기가 상승하면 응결하여 잠열을 방출하고, 이 때문에 부력이 증가하여 상승 기류는 더욱 강화된다. 하층에서 난기가 유입하여 유도되는 상승 기류는 대표적으로 온대 저기압이 발달할 때 흔히 나타난다. 지상 저기압의 북서쪽에 중층 기압골이 자리 잡고, 이 기압골의 전면에서 남서 기류를 타고 하층에서 온습한 공기가 유입되면, 저기압 주변에 상승 기류가 유도되고 기층이 가벼워져 저기압은 점차 깊어지게 된다.

전선과 상승 기류

온대 저기압이 발달하면 전선대가 발달하고, 전선대를 따라 상승 기류가 유도된다. 저기압이 발달하며 유도되는 상승 기류가 광역으로 퍼져있다면, 전선대 주변의 상승 기류는 이보다 좁게 띠 모양으로 분포한다. 등온선을 가로질러 기류가 한데 모이거나 비틀려서 등온선 간격이 좁아지면 전선대가 강화된다. 하층에서 한란의 차이가 심해지며 전선대가 강화되면, 따뜻한 곳에서 상승 기류가 유도되고 차가운 곳에서는 하강 기류가 유도된다. 한편 전선면을 사이에 두고 양쪽에서 국지적으로 차등 가열되더라도 전선대는 강화되는 효과를 얻는다. 예를 들어, 차가운 지역에는 구름이 덮여있어 일사가 차단되고, 따뜻한 지역에는 맑은 날씨에 일사로 지면이 가열된다면, 전선면을 가로질러 한란의 차이는 더욱 심해질 것이다. 전선면은 지상에서 고도가 높아질수록 비스듬히 한기 쪽으로 기울어져 있는데, 때로는 지상 전선대에서 멀리 벗어난 한기역에서도 그 위로 난기가 활승하며 강수가 발생하기도 하므로 유의할 필요가 있다. 예를 들면 겨울철에는 발달한 저기압의 북서쪽으로 전선면을 따라 난기가 쐐기처럼 파고들며, 지상 온난 전선을 가로질러 하층에 떠 있는 폐색 전선면 또는 난기골(TROWAL, trough of warm air aloft)에서 많은 눈이 내리기도 한다(Martin, 1999).

일반적으로 모델은 해상도에 따라 다르기는 하지만, 전선성 강수의 패턴이나 강도를 모의하는 데 한계가 있다. 앞서 Fig. 2.3에서도 지적했듯이, 모델의 해상도가 10km라면 최소한 폭이 60km 정도의 전선성 강수 띠를 이론적으로는 모의할 수 있지만, 모델이 실제로 예측한 강수 패턴은 이보다 공간 규모가 훨씬 크고 강수 패턴도 선형 띠의 모양과는 거리가 있다.

지면 마찰력과 저기압

저기압이 형성되는 과정에서 이미 상승 기류의 영향을 받는다고 보아야 하겠지만, 덧붙여서 지상 저기압 주변에서는 지면과의 마찰력 때문에 수렴하는 기류가 일어난다. 하지만 이렇게 생겨난 기류는 경계층 상부에서 발산하며 대기 중·하층의 저기압성 회전을 상쇄하는 역할을 하므로 일시적인 현상에 그친다. 역학적인 강제력이 가세해야만 상승 기류도 중·상층까지 깊게 자리 잡고, 지속해서 그 세력을 유지할 수 있다.

3장

강수 효율

PRECIPITATION FORECAST

1. 기압계와 강수 분포

온대 저기압과 강수 효율의 관계를 직접 다룬 연구는 그다지 많지 않다. 대신 온대 저기압을 제어하는 대규모 환경 요소와 강수량 사이의 관계를 살펴봄으로써, 양자의 관계를 간접적으로 유추해 볼 수는 있겠다. 온난 기류 컨베이어벨트는 저기압에 유입하는 수증기량을 조절하기 때문에, 저기압의 강도를 좌우하는 주요 환경 요소이다. 온난 기류 컨베이어벨트로 유입하는 수증기량과 강수량 사이에 밀접한 관계가 있다는 점은 과거 기후 자료의 분석을 통해서도 확인된 바 있다(Field and Wood, 2007; Pfah and Sprenger, 2016). 일례로, 1979~1993년 동안 유럽 중기 예보센터의 기후 분석 자료를 검토한 결과, 중위도에서 온난 기류 컨베이어벨트를 타고 유입한 수증기가 완만하게 상승하며 3일 동안 내린 강수량은 그렇지 않은 경우보다 6배나 많았다고 한다(Eckhardt and Stohl, 2004).

거시적인 측면에서는 강수 효율을 별도로 고려하지 않더라도 모델의 강수량을 보정하는 데 큰 문제가 되지는 않는다. 대규모 기압계에서는 일반적으로 층운형 강수 지역이 적운형 강수 지역보다 널리 분포한다. 층운형 강수가 지배하는 지역에서는 모델의 저기압 강도, 상승 기류, 유입 수증기량을 검토하기만 하더라도, 비가 오지 않을 영역, 즉 강수 효율이 낮은 지역을 상당 부분 걸러낼 수 있다. 반면 여름철 불안정한 대기 조건에서 적운의 비중이 높을 때는, 적운형 강수를 층운형 강수에서 따로 분리하고, 적운형 강수 효율을 별도로 고려할 필요가 있다. 적운은 층운보다 연직으로 깊게 발달할 뿐 아니라, 구름 내부에서도 상하 운동이 격렬해서, 구름 입자 간의 충돌 병합으로 강수 입자가 생성되거나, 주변 공기와 섞여 증발하는 과정이 복잡하게 전개되기 때문이다.

저기압 안에서 강수대의 위치와 구조는 온난 기류 컨베이어벨트와 한랭 기류 컨베이어벨트의 구조에 따라 다양하다. 일반적으로 저기압 내에서 주 강수대는 한랭의 차가 큰 전선대 주변에 비대칭적으로 포진한다. 적운형 강수는 한랭 전선 주변이나, 온난 전선과 한랭 전선 사이에 놓인 난역에서 자주 발생한다. 상층 강풍대를 따라 빠르게 남하하는 한랭 전선에서는 연직 시어가 강하고 북서쪽에서 후면의 건조 공기와 함께 남하하는 경우가 많아, 강수 효율이 떨어진다. 반면 여름철 정체 전선이나 아열대 고기압 가장자리에서는 수증기가 충분히 유입한 가운데 바람이 약하고 연직 시어도 작아 강수 효율이 높아진다.

2. 미세 물리 과정

구름의 강수 효율은 엄밀한 의미에서 구름 내부의 복잡한 미세 물리 과정에 의해 결정된다. 대규모 상승 기류와 하강 기류의 환경 안에서 강수 핵, 응결한 작은 물방울, 크게 자라난 눈송이나 빗방울들이 상호작용하며 크기 분포가 변화하는 과정은 컴퓨터로 분석하기에도 매우 복잡하고 곤란한 과정이다. 사람의 주관적인 판단으로, 이것들을 일일이 고려하기는 역부족이어서, 경험에 의존할 수밖에 없는 실정이다.

다만 구름 씨앗의 크기에 따른 강수 효율의 민감도만큼은 수증기 원천을 추적해봄으로써 실마리를 찾아볼 수 있겠다. 일반적으로 구름 씨앗이 되는 입자가 크면 강수 효율이 높아진다. 해상에서 물보라로 일어난

에어로졸(aerosol) 입자는 내륙에서 떠 있는 먼지 입자보다 커서, 다른 조건이 같다면 강수를 촉진하는 효과가 더 크다. 바다에서 유입하는 기류는 계절풍에 따라 달라지고, 기류가 내륙으로 진입하는 통로도 해안선과 지형 조건에 따라 달라진다. 따라서 수증기가 바다에서 바로 들어온 것인지 아니면 내륙을 거쳐 변질한 것인지 확인하여, 강수 효율을 가감할 수 있을 것이다.

겨울철에는 구름 내부의 온도가 여름철보다 낮아서, 강수 입자뿐 아니라 얼음 입자의 성장 과정이 강수량에 많은 영향을 미친다. 비구름과 달리 눈구름은 중·상부에 0°C, 즉 빙점보다 낮은 기층이 두꺼워 과냉각 수증기를 흡착하거나 과냉각 물방울과 충돌 병합하며 성장한다. 빙결 핵이 과냉각 수증기를 받아 성장하는 속도는 -15°C 부근에서 최대치가 된다(Rogers and Yau, 1989). 또한 성장한 눈송이가 낙하하며 빙점 부근을 지날 때, 눈송이와 수적이 상호 충돌하거나 병합하며 눈송이가 자라나는 속도는 최대가 된다. 따라서 연직으로 깊게 발달한 구름층에서 중·상부에는 -15°C선을 지나고 구름 하부에는 빙점 부근의 기층이 두꺼울 때 눈 입자는 가장 크게 자란다(Stewart, 1992). 다시 말해 강수 효율이 높아진다.

4장

지속 시간

PRECIPITATION FORECAST

1. 기압계와의 관계

강수가 얼마나 오래 계속되느냐는 무엇보다도 하층에서 수증기를 실어 나르는 통로가 얼마나 오래 유지되느냐에 달려있다. 컨베이어벨트에서 재료가 선반 위로 계속 들어오지 않으면 제품의 생산에 차질을 빚는 것과 같다. 기압계는 수증기가 이동하는 길목을 보여준다. 특히 하층에서 바다로부터 뻗어 나온 바람길이 중요하다. 계절별로 차이가 있기는 하지만, 우리나라에서는 남서풍이나 남동풍 계열의 바람이 불어야 수증기가 제대로 공급된다. 다만 동해안 지역은 동풍이 불어도 다량의 수증기가 유입한다. 기압계가 변하면 바람이 변하고 수증기 공급원도 달라진다. 예를 들면 온대 저기압 중심에 대한 상대적 위치에 따라 풍향이 달라지고 수증기 유입량도 달라진다. 온대 저기압이 중국에서 서해로 접근하면 남서풍이 불어오는 곳에 주 강수역이 형성된다. 저기압의 중심이 동해 상으로 진출하면 이번에는 북동풍이 불어오는 곳에 주 강수역이 형성된다. 다음으로는 상승 기류를 유발하는 대규모 강제력이 얼마나 오래 계속되느냐가 관건이다. 대규모 기압계가 더는 상승 기류를 지원하지 않으면, 저기압은 발달을 멈추고 강수도 약화한다.

온대 저기압에서는 기압계의 규모와 이동 속도가 일차적으로 강수대의 지속 시간을 제어한다. 온대 저기압의 수평 규모는 대략 1,000~3,000km에 이르지만, 장마철에는 1,000km 이하로 작은 편이다. 일반적으로 중위도 전선대의 한랭의 차이가 뚜렷하고 상층 기압골이 깊을수록, 저기압의 규모도 커지고 온난 기류 컨베이어벨트 위를 흐르는 수증기량도 늘어나, 강수 범위도 넓어진다고 하겠다.

온대 저기압은 대체로 연직 평균한 기류를 따라 이동하는 편이다. 지상 부근의 바람은 약하므로 통상 상공 5km의 기류를 따라가 보면, 저기압의 이동 방향과 이동 속도를 대강 추측해 볼 수 있다. 대략 하루에 1,000km 정도 이동하는데, 이동 경로의 전면에 고기압이 버티면 속도가 느려진다. 수치 모델이 모의하는 온대 저기압의 이동 경로는 대체로 신뢰할 만하다. 그러나 예측 기간이 길어지면 예측 오차도 빠르게 증가한다. 유수 기상센터의 모델 예측 성능을 분석한 연구 결과에 따르면, 북반구에서 저기압 중심 위치 오차는 하루에 약 1°씩 증가하여, +5일 예측 위치는 실제 위치와 5° 이상 차이가 난다(Froude, 2011). 모델의 저기압 이동 속도는 실제와 10~14km/hr 이상 차이가 나고, 실제보다 느리게 모의하는 경향이 있다.

전선에 동반된 강수대에서는, 모 저기압의 이동 속도뿐만 아니라, 난기의 북상과 한기의 남하 속도에 따라 강수대의 이동 속도가 달라진다. 만약 한기가 강하게 남하한다면 강수는 더욱 빨리 종료하여 지속 시간이 짧아질 수 있다. 반면 난기를 북쪽으로 미는 힘이 강하다면, 보다 장시간 온습한 수증기가 공급되면서 강수 지속 시간도 늘어날 공산이 크다.

2. 예상보다 길어지는 경우

발달하는 저기압

저기압이 발달 단계에 있을 때는 상층과 하층의 기압계가 서로 맞물려서 상호 영향을 미친다. 상층에서는 동서 기류가 워낙 강하기 때문에, 하층의 저기압에 대응하는 상층의 저기압은 동서 기류에 파묻혀 흔히 'V'자 기압골의 형태를 취한다. 상층 기류에서 동서 기류를 여과하면 온전한 상

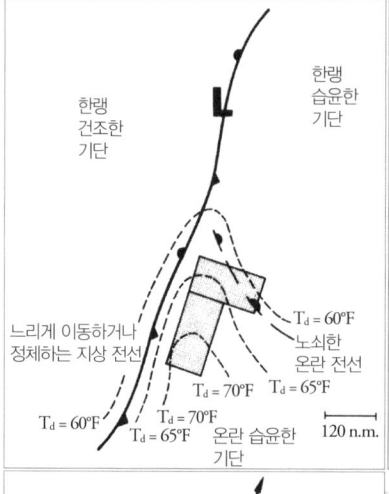
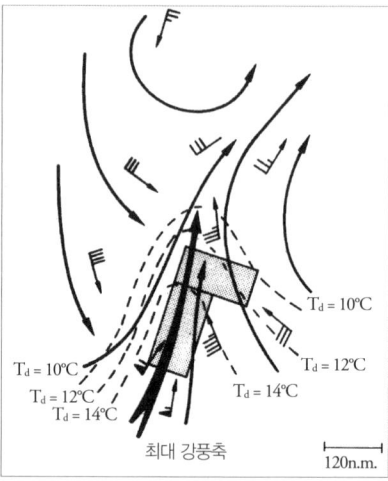
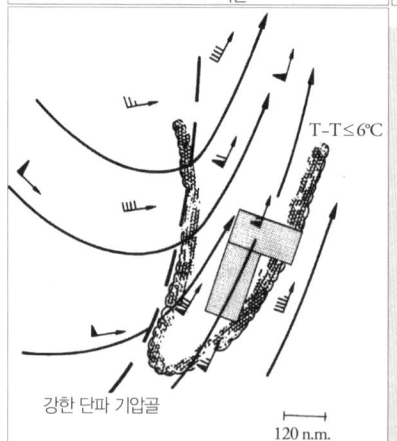

Fig. 3.1 온대 저기압(L) 주변에서 나타나는 전형적인 호우 패턴의 모식도. 미국 기상학자 매독스는 저기압 패턴(synoptic pattern)이라고 명명하였다(Maddox et al. 1979. Fig. 6). 채색한 상자는 호우가 나타날 가능성이 큰 감시 구역이다. 패턴의 공간 규모는 120마일(n.m) 또는 193km의 눈금으로 유추할 수 있다. (상좌) 지상 일기도. 남북으로 서서 느리게 동진하는 정체 전선(slow moving or quasi stationary surface front)의 동쪽과 서쪽에 각각 서늘하고 습한(cool and moist) 기단과 서늘하고 건조한 기단(cool and dry)이 대치한 상태다. 정체 전선의 전면에 매우 온습한 공기가 유입되며 노점 온도(T_d)의 최댓값이 전선과 나란히 분포한다. 수증기량은 평소의 2배에 육박한다. 점선은 노점 온도의 등치선이다. 호우 가능성이 큰 지역은 활 모양으로 구부러진 노점 온도의 능선(moisture ridge or tongue)을 따라 난기가 돌출한 지역에 형성되고, 노쇠한 온난 전선(old warm front)의 경계를 따라 동쪽으로 확장하는 경향을 보인다. (상우) 850hPa 등압면의 일기도. 하층에는 시속 30~60km의 남풍(굵은 화살표, axis of maximum wind)이 강하게 부는 것이 특징이다. 가는 화살표는 유선이고, 깃털 모양의 회살표는 풍속으로, 작은 깃털은 시속 8km, 큰 깃털은 시속 16km를 나타낸다. 깃털이 여럿이면 모두 더한 값이 풍속이다. 하층 강풍대를 따라 노점 온도의 능선이 형성되어 있고, 이와 나란하게 호우 가능성이 큰 구역이 위치한다. (하) 500hPa 등압면 일기도. 강한 중층 단파골(strong short wave trough)의 축선(기다란 점선) 전면에는 시속 75km 이상의 강한 남서풍이 분다. 호우 감시 구역도 이곳에 위치한다. 중층운의 영역은 기온과 노점 온도의 차이($T - T_d$)가 6°C 이하인 지역으로, 그 경계는 오돌토돌한 선으로 나타나 있다.

층의 저기압을 분석해 낼 수도 있겠지만, 기압골만으로도 상층의 신호를 충분히 파악할 수 있다. Fig 3.1은 온대 저기압 주변에서 나타나는 전형적인 호우 사례에 대한 모식도이다. 전선대를 동반한 지상 저기압이 느리게 동진하는 가운데, 상층 기압골이 남북으로 깊게 발달하며, 그 전면에는 강한 남서 기류로 인해 온습한 공기가 계속 유입하는 지역에 많은 강수량이 집중하게 된다.

상층에서는 동서 기류가 빠르므로 기압골이 빠르게 이동할 수 있겠지만, 하층에서는 기류가 전반적으로 약하기 때문에, 상·하층이 맞물린 전체 기압계 시스템은 상층 기류보다는 느리게 이동한다. 상층의 강한 지향류가 하층의 느린 흐름과 연직으로 섞이면서 저지되기 때문이다. 이에 따라 하층의 저기압이나 고기압도 상층 기류보다는 연직으로 평균한 동서 기류에 근접하게 이동하는 경향이 있다. 저기압이 성숙 단계에 돌입하면 중층의 남북 기류가 증가하고 이 때문에 저기압이 상층 강풍대 북쪽으로 밀려나는 것도 동서 흐름을 방해하는 요인이 된다. 상층과 하층의 기압계가 유기적으로 맞물려 있을 때는 기압계 시스템의 복잡도가 증가하므로, 모델에서 제시하는 저기압의 이동 속도와 방향에 대한 예측 편차도 커지는 경향이 있다.

남북 기류가 강한 패턴
중위도 편서풍대에서는 일반적으로 파동계가 상층이나 중층의 주풍을 따라 서에서 동으로 이동한다. 하지만 상층 강풍대는 남북으로 사행하기 때문에, 저기압이나 고기압도 남북으로 진동하면서 동쪽으로 나아간다.

지향류가 약하거나 흐름이 저지되면 날씨 시스템은 이동 속도가 줄어들고 심할 경우 정체하기도 한다. 남북 기류가 강해져 파동의 곡률이 커지면, 비선형적 이류항에 대한 계산 오차가 증가한다. 남북 기류가 강한 기압계에서 모델은 실제보다 동서 이동 속도를 과대평가하는 경향을 보인다. 이런 때는 모델이 예측한 강수 시종 시점보다 한 템포 늦추고, 강수 지속 시간도 늘려 잡는 것을 검토해 보아야 한다.

상층 폐곡 저기압

남북 기류가 강화되며 상층에서 'V'형 기압골이 저지 기류에 막히면, 급기야는 폐곡되며 원형에 가까운 모습으로 변해간다. 때로는 기압골보다 기압능이 우세하게 돋아나, 기압골의 전면이나 후면에 'Ω'형에 가까운 블로킹(blocking) 패턴을 보이기도 한다. 상층에서 기류가 저지되면 남북 흐름이 동서 흐름보다 원활하여, 시스템의 이동을 지배하는 동서 주풍이 쇠약해지고 대신 복잡하게 사행하는 군소 바람들이 난립하게 된다. 이런 때는 작은 바람의 차이로도 시스템이 서로 다른 방향으로 이동할 수 있어, 모델이 모의하는 기압계의 이동 방향과 속도에 불확실성이 커진다(Carroll, 1997).

거꾸로 선 기압골

한편 하층에서는 바람이 약하기 때문에, 때로는 상층과 상반되게 동쪽에서 서쪽으로 주풍이 형성되는 때가 있다. 흔히 지상 고기압의 남쪽 가장자리에서 자주 나타나는데, 이때 지상의 저기압은 고기압의 세력에 일부 상쇄되며 역 'V'형의 쐐기 모양을 취하게 된다. 상층에서는 동쪽으로 기압계를 밀고 하층에서는 서쪽으로 당기기 때문에, 기압계의 연직 깊이에 따라 다소 차이가 있을 수 있지만, 전반적으로 기압계가 동쪽으로 이동하는 속도가 느려지게 된다. 만약 상층의 기압골과 하층의 역 'V'형 기압골이 상호작용하며 하층에서 기압골이 발달하게 되면 기압계는 더욱 느리게 이동하게 된다. 연직 평균한 지향류가 약한 데다, 하층의 저지 기류로 기압계의 복잡도가 증가하는 만큼, 모델이 예측하는 기압계의 이동 방향과 속도에도 계산 오차가 늘어난다.

3. 강수 시종 시점 오차

저기압 발생

봄철이나 여름철 중국 화남 지방에서 형성된 하층의 열적 저기압이 온대 저기압으로 발전하면서 우리나라 쪽으로 이동해 오는 경우가 있다. 저기압은 하층의 전선대 부근에서 조그만 힘이 가해지면 자연 발생적으로 발달하게 되는데, 그 시점을 예측하기는 쉽지 않다. 초기 조건의 미소한 분석 오차로 인해 예측 오차가 큰 폭으로 증가하기 때문이다. 모델이 초기 조건에 예민하게 반응하여 실제보다 빠르게 저기압을 발생시키기도 하므로, 기상위성 영상을 통해 상시 확인할 필요가 있다.

중층 건조 공기 침투

봄철이나 가을철 저기압에 동반한 전선성 강수대가 주종을 이룰 때가 있다. 아직 기단의 불안정도가 여름철만큼 높지 않아, 소낙성 강수가 있다

하더라도 대부분 전선대 주변에 국한된 경우다. 저기압 후면에서 한랭 전선이 빠르게 남하할 때는 모델이 예측한 시점보다 일찍 강수가 종료한다. 모델의 강수 지속 시간과 강수량을 줄이는 방향으로 보정이 필요하다. 한랭 전선 후면에서 대기 중층의 건조한 공기가 빠르게 파고들거나, 풍계가 북서풍으로 바뀌면서 하층의 수증기 통로가 빠르게 단절될 때도 유사한 처방이 필요하다.

중규모 저기압 연쇄 발달

여름철 장마 전선을 따라 지름이 100km 남짓한 중규모 저기압들이 간간이 열을 이어 발달하며 서쪽에서 동쪽으로 이동하는 때가 있다. 장마 전선이 남북으로 오르내리면서 저기압이 통과할 때마다 강수량은 강약을 반복한다. 어떤 해는 계절이 가을로 바뀌기 전에도 유사한 정체 전선이 형성되며 3~5일간 지역적으로 많은 비를 뿌리기도 한다.

모델은 정체 전선 위를 지나가는 중규모 저기압의 발생 시점과 발달 정도에 대한 모의 능력이 떨어진다. 종종 중규모 저기압이 실제보다 과도하게 발달하여, 저기압 후면의 한랭 전선과 한기가 실제보다 과도하게 남하하기도 한다. 이 때문에 강수가 실제보다 빨리 종료하거나, 주변 대기가 건조해져 다음 저기압이 제때 발생하기 어려워지는 경우가 있다. 극단적인 경우에는 정체 전선대 자체가 실제보다 남북으로 많이 편향되어, 모델이 모의하는 주 강수대가 실제 위치에서 많이 벗어나기도 한다. 최신 기상위성 영상, 기상레이더 영상과 지상 관측 우량을 참고하여, 모델이 모의하는 중규모 저기압과 동반 강수대의 규모와 강도를 매우 비판적으로 살펴보아야 한다.

5장

겨울철 강수
PRECIPITATION FORECAST

1. 강수 형태

겨울철에는 비 외에도 눈, 진눈깨비, 싸락눈, 언 비와 같이 다양한 형태의 강수가 내리므로, 강수량 외에도 강수 형태에 대한 예보가 필수적이다. 강수 형태를 예측하기 위해서는 특히 연직 기온 분포와 지면의 온도에 대한 상세한 검토가 필요하다.

대기 중·하층의 기온 구조에 따라 강수 입자가 녹아 액체가 되기도 하고 다시 얼어 고체가 되기도 한다. 눈 입자는 구름 하부에서 지면으로 낙하하는 과정에서 녹거나 증발한다. 이 과정에서 주변 공기의 열을 빼앗아가 주변 공기의 기온을 많게는 2°C 이상 떨어뜨린다. 구름 상층부에서 내려오는 눈이 영상 1~2°C의 하층 대기층을 통과한다면, 처음에는 눈으로 지상에 내리더라도 이내 녹아 비로 변하게 된다. 그러나 하층 대기가 건조하다면, 증발로 인해 열을 빼앗겨 주변 기온이 빙점 (0°C 또는 32°F) 이하로 떨어지게 되고, 비는 다시 눈으로 변한다. 하층 기온이 빙점 부근일 때는 상대 습도에 따라 강수 형태가 갈린다. 상대 습도가 낮을수록 눈으로 떨어질 공산이 크다. 다만 상대 습도가 지나치게 낮으면 지상에 낙하하기 전에 눈이 전부 증발해 버리고 말 것이다.

눈과 비의 구분

물이 얼음이 되거나 반대로 얼음이 녹아 물이 되는 빙점 부근에서는 강수의 형태를 예측하기 어렵다. 모델의 기온 예측 오차는 통상 2°C 안팎이다. 2°C를 예상했으나 실제로는 0°C일수도 있고, -2°C를 예측했으나 영상에 가까운 기온을 보일 수도 있다. 강수량 예상 값에는 별 차이가 없겠으나, 적설은 크게 달라진다. 기온 2°C의 오차 범위 안에서 눈이 쌓이기도 하고 비로 내려 적설은 없을 수도 있기 때문이다. 모델의 연직 기온과 하층 습도의 예측 여하에 따라 강수 형태의 변동성이 그만큼 높다는 것을 시사한다.

　난기가 한기 위로 상승하는 전선형 강수 상황에서 비보다는 눈일 때 더 북쪽까지 강수 구역이 확장하는 경향이 있다. 남해 상을 지나는 저기압이라 하더라도, 강수의 북방 한계는 비보다 눈일 때 더욱 북쪽으로 멀리까지 침투하게 된다. 여기에는 눈이 비보다 천천히 낙하하기 때문에, 바람을 타고 비보다 멀리 이동할 수 있는 이점도 함께 작용한다. 같은 구름 두께라도 따뜻한 강수 과정보다는 차가운 강수 과정이 더 효율적이라는 추측도 가능케 하는 대목이다.

　주요 기상센터의 홈페이지에서 제공하는 강수 예상도에는 눈이나 비가 따로 구분되어 있지 않은 것이 보통이다. 계절적 감각이나 최근 강수 기록을 참고하는 것만으로는 모델의 강수 예상도에서 강수 형태를 구분하는 데 한계가 있다.

2. 적설

　2부에서 살펴본 강수량 예보의 핵심 인자는 계절에 상관없이 응용할 수 있다(Wetzel and Martin, 2001). 다만 겨울철에는 강수 형태 외에도 적설의 깊이를 추가로 따져봐야 한다. 눈으로 내린다면, 지면에 쌓일 것인지 녹을 것인지, 쌓인다면 얼마나 적설의 깊이가 될 것인지를 예보해야 한다.

비 · 눈 비율의 민감도

눈으로 내린다고 모두 일정한 비율로 쌓이는 것은 아니다. 비와 눈의 비율로 이러한 다양성을 양적으로 표시할 수 있다. 비 · 눈 비율은 통상 1:10, 즉 강수량 1mm마다 적설은 1cm씩 증가하지만, 이 비율은 기상 조건에 따라 달라진다(Baxter et al. 2005). 똑같은 강수량이라도 비 · 눈 비율이 달라지면, 적설로 쌓이는 깊이가 달라진다. 눈은 작은 눈 결정의 모임으로 결정들이 어떤 모양을 갖느냐에 따라 쌓이는 방식이 달라진다. 빼곡히 쌓이면 적설이 얕고, 듬성듬성 쌓이면 적설이 깊다. 눈송이의 결정체가 라임(rime)과 같은 공모양보다는 바늘이나 별 모양을 띨 때, 솜처럼 쌓여 적설도 빠르게 증가한다. 눈구름 안에 과냉각수가 많아지면 눈 결정들이 미시적 분산 효과로 인해 라임 형으로 성장하게 되어 비 · 눈 비율이 낮아진다. 눈송이의 직경이 클수록, 지면에 닿을 때 더 천천히 녹는다. 그만큼 적설도 빠르게 증가할 수 있다. 한편 바람이 강하면 눈이 날려 적설은 얕아진다.

지면 온도가 높으면 비 · 눈 비율은 하락한다. 빙점 부근의 기층이 두꺼울수록 비 · 눈 비율도 하락한다. 기온이 영하 이하로 많이 떨어질수록 비 · 눈 비율은 커지지만, 지나치게 기온이 낮으면 다시 이 비율이 낮아진다. 적설은 모델의 강수 물리 계산 과정뿐 아니라, 연직 기온의 예측 정확도에 따라 민감하게 반응하는 예측 변수다.

4부

중소규모 기압계

1장
대규모 환경 조건

1. 적운형 강수와 핵심 인자

앞 장에서 대규모 기압계가 강수 시스템에 에너지를 제공하고 시스템을 제어하는 적극적인 역할을 한다면, 중·소규모 기압계는 오히려 강수 시스템에 반응하여 조정되는 소극적인 측면이 적지 않다. 불안정한 대기 조건에서 발생하는 부력과 이 때문에 유발되는 연직 순환 운동에 중·소규모 기압계가 적응하려는 경향이 있기 때문이다. 따라서 중·소규모 기압계에서는 기압계의 동태보다는 적운형 강수에 유리한 기상 조건을 분석하는데 더 많은 주의가 필요하다.

열대 지방에서 오후 한때 쏟아지는 스콜(squall) 또는 강한 소나기는 적운형 강수의 대명사이다. 소나기는 흔히 강수 지속 시간이 짧고, 강수 범위도 매우 국지적인 것이 특징이다. 연직으로 깊게 발달한 적운에 의해 주로 내리게 되는데, 단위 적운 세포의 수명은 통상 30분 내외에 불과하다. 적운이 쇠약 단계에 들어서면 층운 또는 층적운의 형태로 구름 구조가 전환되어 강수 강도가 약해진다(Houze, 1997). 적운 운동계의 수평 규모와 연직 규모는 서로 엇비슷하게 10km 안팎이다. 적운에 의해 유도되는 돌풍 전선이나 중력 파동, 적운을 일렬로 조직화하는 수렴선도 적운과 비슷한 공간 규모를 갖는다(MetED, 2002a). 적운 내부에서 연직 속도의 규모도 수평 바람의 규모와 유사하게 대략 10m/s 안팎이라고 볼 수 있다. 내륙에서 적운이 강하게 발달할 때는 상승 기류의 속도가 20~50m/s까지 증가하기도 한다. 적운 활동이 강한 곳은 구름이 연직으로 깊게 발달하여 기상위성의 적외선 채널 영상에서 구름 상부 온도가 주변보다 낮다. 강수 강도도 높아져 기상레이더 영상에서 반사도가 주변보다 높아, 쉽게 식별할 수 있다.

미국에서는 주요 호우 사례의 66%가 적운을 동반한 중·소규모 기압계에서 발생한 것으로 조사된 바 있다(Schumacher and Johnson, 2005). 나머지 사례는 주로 대규모 기압계에서 발생하는데, 이 중 90% 이상이 적운과 관련되어 있다고 한다. 종합해보면 전체 호우 사례의 97% 이상이 적운형 강수에서 비롯한다는 결론에 이른다. 미국과 마찬가지로 중위도 권에 속한 우리나라도 여건은 크게 다르지 않다. 계절적으로 볼 때 적운형 강수는 봄부터 가을 사이에 나타나지만, 봄과 가을에는 주로 온대 저기압에 동반된 전선대를 따라 자주 발생하고, 여름철에는 고기압 가장자리에서 발생하는 일도 적지 않다.

대규모 기압계는 강수를 동반한 구름 조직의 발생, 구조, 강도, 이동 과정을 상당 부분 제어한다. 예보 대상 지역이 아주 넓다면, 층운형 강수와 적운형 강수가 섞여 있게 마련이다. 대규모 기압계는 층운형 강수 과정에 직접 작용하고, 적운형 강수 과정에 대해서도 환경 조건을 조성하는 간접적인 역할을 하게 된다. 모델의 적운형 강수를 보정할 때도, 일차적으로 대규모 기압계의 역할을 따져보고, 다음으로 중·소규모 기압계의 영향을 살펴보는 것이 순리다. 강수량을 결정하는 핵심 인자 중에서, 수증기량과 상승 기류에 대해서는 대규모 기상 조건을 주로 따져보고, 강수 효율과 지속 시간에 대해서는 중·소규모 기상 조건과 적운에 대한 미시적인 분석을 보강하는 방식으로 각각 접근하자는 것이다. 물론 이 같은 이분법적 구도는 대규모 운동계와 중·소규모 운동계가 서로 독립적일 때만 가능하다. 발달한 적운 군집체는 중규모 저기압이나 고기압을 주변에 만들어 내면서 대규모 기압계에 영향을 주기도 한다. 크고 작은 운동계 간 비선형적 환류 과정에 대해서는 추후 과제로 미루어 놓기로 하자. 수증기량과 상승 기류에 대해서는 이미 3부의 대규모 기압계에서 자세히 살펴본 바 있으므로, 하층 강풍대의 역할과 적운 대류 특성에 대해서만 간단히 부연하기로 한다. 대신 이하에서는 강수 효율과 지속 시간의 문제를 좀 더 자세하게 다루기로 한다.

2. 수증기 유입과 하층 강풍대

기류가 여러 방향에서 동시에 모여들어야만 수렴하는 것은 아니다. 쐐기 모양으로 두 방향에서 모일 수도 있다. 더 단순하게는 한 방향에서 들어오는 기류라도 국지적으로 풍속이 강한 부분이 있다

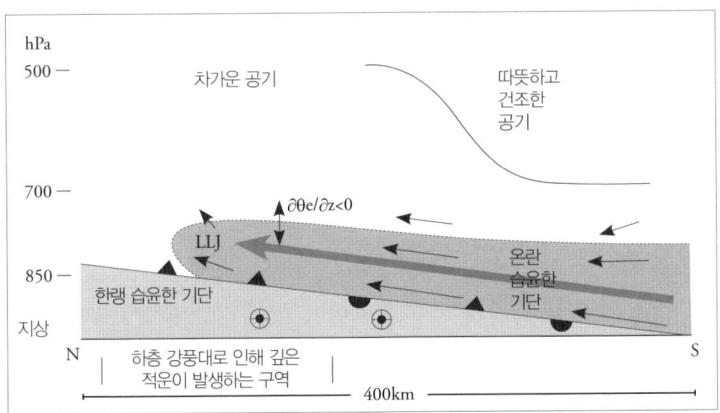

Fig. 4.1 하층 강풍대(Low Level Jet, LLJ)와 적운형 강수과정(impending deep convection) 모식도. 남쪽(S)에서 북쪽(N)으로 비스듬히 상승하는 전선면(삼각형과 반원이 교대로 붙어있는 두꺼운 실선) 밑에는 서늘하고 습한(cool and moist) 공기가 동풍(지면 밖으로 튀어나오는 화살표의 앞모습)에 실려 유입하여, 대기는 연직적으로 안정하고 전선면은 역전층의 역할을 한다. 전선면 위로 온습한(warm and moist) 공기의 선단이 하층 강풍대를 따라 강하게 활승하면 (두꺼운 화살표), 중층의 차가운 공기(cold)와 난기(점선 경계 지역) 사이에서 역전층 위의 기층은 빠르게 불안정($\frac{\partial \theta_e}{\partial z} < 0$)해진다. 여기서 θ_e는 상당온위 이고, z는 고도이다. 하층 강풍대의 선단에서는 상승 기류가 유발되어 적운이 발생하기 유리한 방아쇠 조건을 제공한다. 지상 전선대는 거의 우측 끝자락에 놓여 있는 반면, 강한 적운이 발생하기 유리한 하층 강풍대의 선단은 여기서 300km 이상 북쪽까지 밀고 올라가기도 한다. 미국 국립대기과학연구소의 COMET 교재에서 발췌한 것이다(Trier and Parsons, 1993, Fig. 22).

면, 그 선단에서는 기류가 수렴하고 그 끝단에서는 기류가 발산한다.

하층 강풍대(low-level jet)는 일차적으로 수증기를 강하게 몰고 오기 때문에 주목하지만, 이에 못지않게 수렴하는 기류를 만들어 낸다는 점에 관심을 가질 필요가 있다. 특히 여름철 우리나라 전역이 불안정한 기단으로 덮여있을 때는, 하층에서 강한 기류가 바다 쪽에서 내륙으로 형성되는지 유심히 살펴야 한다. 그 선단에서 흔히 적운이 강하게 발달하기 때문이다. 여름철 야간이나 새벽에 내리는 호우는 하층 강풍대가 직접 적운 발달의 방아쇠 역할을 하는 경우가 적지 않다. 특히 경계층 상부에서 하층 강풍대로 인해 수증기가 대거 수렴하며 대류 불안정이 촉발되는 경우에는, Fig. 4.1의 모식도가 보여주는 바와 같이, 지상 전선대보다 난기가 밀고 올라간 방향으로 멀리 떨어진 한기역에서 강한 적운형 강수가 발생할 가능성이 있으므로 주시해야 한다.

하층 강풍대가 형성되는 원인은 다양하다. 우선 대규모 기압계의 측면에서 보면, 상층 강풍대(jet streak) 주변에서 일어나는 발산 기류로 인해, 하층에서 이를 보상하기 위한 수렴기류가 하층 강풍대를 지원하기도 한다. 상층 강풍대의 입구 우측과 출구 좌측에서 하층 강풍대가 종종 발달한다. 다음으로 국지적인 요인을 들 수 있다. 야간에는 지표 마찰력의 저지 효과가 줄어들면서 일시적으로 하층의 바람이 강화된다(Davies, 2000). 맑은 날 내륙에서는 밤이 되면서 복사 냉각으로 인해 지표 부근의 대기가 빠르게 안정해진다. 마찰력을 상부로 전달하는 지표층이 하부 경계층과 분리되면서, 지면의 저지 효과가 완화되고, 지면 위 경계층의 바람은 일시적으로 가속하는 힘을 받는다. 중위도에서는 통상 해가 진 후 6~9시간 사이에 일시적으로 강한 바람이 925hPa 부근의 상공에서 관측된다. 한편 산맥의 경사면에서는 야간에 산풍이 불게 되는데 지면 위의 경계층에서는 산맥을 향해 보상기류가 유도된다. 산맥이 좌측에 놓여있다면, 북반구에서는 전향력에 의해 남풍이 강하게 불게 된다(Bonner and Paegle, 1970).

 모델은 대규모 기압계에 의해 유도되는 하층 강풍대를 대체로 무난하게 모의하는 편이다. 하지만 국지적인 힘이 작용하는 하층 강풍대를 모의하는 데는 한계가 있다. 모델의 강수량 예측 성능은 다른 계절에 비해 여름철에 현저하게 떨어지는데, 그 원인 중에는 하층 강풍대로 인해서 촉발되는 적운형 강수를 예측하는 데 실패한 탓도 있다. 모델은 하층 강풍대가 형성되는 시점이나 그 선단의 수렴 지역을 제대로 예측하지 못하기 때문에, 이로부터 비롯한 집중호우에 대한 예측성도 매우 낮은 편이다. 하층 강풍대에 동반한 적운형 강수가 기대되는 상황에서는, 모델의 강수 예상도는 활용 가치가 떨어진다. 모델이 제시하는 예측 강수량 대신 예상 기압계를 주로 참고하고, 여기에 기후 통계적 지식과 경험, 중규모 집중호우에 관한 이론, 최근 강수 패턴의 특성, 진행 중인 강수 시스템의 관측 실황을 비판적으로 활용하여 모델 강수량을 주관적으로 보정하는 것이 최선이다.

3. 상승 기류와 연직 불안정

 적운이 발달하려면 먼저 대기가 연직적으로 불안정해야 한다. 하층에서 온습한 공기가 차 있거나 상층에 차고 건조한 공기가 들어있다면, 일단 연직 불안정의 필요조건은 충족된다. 여름철 북태평양에서 이동해 온 기단이 이런 성질에 가깝다. 불안정 조건은 상층과 하층의 공기가 각각 가진 기온이나 수증기량의 상대적인 차이로 정해지기 때문에, 추운 겨울철이라도 서해처럼 해수면이 하층 대기보다 상대적으로 따뜻하고 습해지면 여름철과 비슷한 불안정 조건이 갖추어진다.

상승 기류에 의해 하층의 수증기가 상승하기 시작하면, 수증기가 응결하여 구름이 형성된다. 또한 응결에 의한 잠열로 주변 공기에 대한 부력이 커지고 위로 상승하려는 힘이 보태진다. 깊게 자란 구름의 내부에서는 1km 고도에서 상승한 공기가 10km까지 36km/hr(또는 10m/s)의 속도로 상승한다면 대략 15분이 걸린다. 구름 상부에서 이 공기가 다시 지상까지 비슷한 속도로 낙하한다면 그만큼의 시간이 더 걸린다. 다시 말해 구름 위아래로 한 바퀴 순환하는 데 30분 정도 걸리는데, 대략 단일 구름의 생애 주기와 맞아 떨어진다. 중규모 시스템이 어느 지역을 통과하면서 강수가 10시간 지속한다면, 하나의 적운 세포(convective cell)로는 이를 설명하기 어렵다. 적운 세포가 반복해서 발생하고 쇠약 단계에는 층운으로 변질하면서 그 지역을 통과함으로써, 적운형 강수와 층운형 강수가 반복적으로 내린다고 보는 것이 더 합리적이다.

불안정 조건을 보다 엄밀하게 따져보려면, 열역학선도(thermodynamic diagram)를 통해서 연직 기온과 습도의 구조를 살펴보아야 한다. 공기가 상승하면 포화한 수증기가 응결하며 열을 방출하여 기온이 상승하지만, 부피가 커지면서 열에너지를 일부 빼앗기므로, 상승하는 공기의 기온 변화를 고려하여 주변 공기보다 따뜻한지를 분석해 보아야 한다. 흔히 중층과 하층 기온의 차이와 하부 수증기층의 두께를 고려한 단순 지표들이 많이 쓰인다. K 지수나 LI 지수가 대표적이다. 하지만 이것들은 기온과 습도의 복잡한 연직 구조를 충분히 대변하기는 어렵다. 반면 CAPE는 하층의 공기를 연직으로 추적하면서 부력(buoyancy)으로 도달 가능한 운고를 직접 계산함으로써, 대기의 연직 구조를 자세하게 반영하는 이점을 가진다. 모델이 예측하는 CAPE나 다른 불안정 지표들은 비록 대기 하층의 복잡한 구조를 충분히 반영하지는 못하더라도, 대기의 연직 불안정도와 적운 잠재력(potential)을 효과적으로 제시해준다. 모델이 제시하는 연직 불안정도를 참조하여, 일차적으로 적운형 강수의 강도를 가늠해 볼 수 있다.

2장

구름 과정
(PRECIPITATION FORECAST)

1. 강수 효율

적운 내부의 기류는 층운보다 10~100배 이상 빠른 상승 속도를 보인다. 그만큼 강수 현상도 격렬하다. 10시간 동안 내릴 비가 1시간 이내에 쏟아지는 격이다. 그래서 적운형 강수가 지속하면 돌발 홍수의 위험에 대비해야 한다. 적운형 강수 효율은 연직 불안정도, 구름층의 깊이, 바람의 연직 시어(shear), 적운 발생 방아쇠 조건(trigger condition)에 의해 좌우된다.

첫째, 대기의 연직 불안정도를 살펴보자. 하층이 상층보다 따뜻하고 하층에 수증기가 많을수록 불안정도는 높아진다. 불안정도가 높아질수록 적운 내부에서 기류의 상승 속도도 더욱 빨라진다. 수증기의 연직 수송도 강해지고, 그만큼 많은 수증기가 빠르게 응결하며 강수량도 늘어난다. 다른 조건의 차이를 무시한다면, 불안정도가 높아질수록 적운형 강수 효율이 높아진다고 볼 수 있다.

둘째, 수증기가 포화한 기층, 다시 말해 구름층이 두꺼울수록 강수 효율이 높아진다. 구름층이 얇으면 강수 효율도 떨어진다. 열역학선도에서 본다면, 하층에서 상승하는 공기가 잠열을 방출하며 받는 부력 에너지가 연직으로 고루 분포한 것이 하층에 몰려있는 것보다 강수 효율이 높다고 하겠다. 강수 입자가 강한 상승 기류를 타고 상승하면, 구름 측면에서는 강수 입자가 바깥 공기와 섞여 일부 유출되기도 한다. 물론 구름이 차지하는 수평 면적이 넓다면 측면에서 소실되는 양은 구름 하부에서 유입하는 양에 비해 그리 크지는 않을 것이다. 구름의 키가 클수록 강수 효율은 높아진다고 볼 수 있다. 구름층이 얇다면 구름 상부에서 강수 입자가 바깥 공기와 섞여 증발하는 양이 늘어난다. 반면 구름층이 두껍다면 상승하는 동안 내부 수증기가 고스란히 액체나 고체로 전환되어 구름 속의 강수 입자는 계속 성장해 갈 수 있다.

구름 주변 환경의 관점에서 본다면, 습윤한 기층이 두꺼울수록 강수 효율이 높아진다. 주변 공기가 건조하면 구름의 강수 입자가 건조한 공기와 섞여 증발하는 양이 늘어나므로 강수 효율이 떨어지고, 주변 공기가 습윤하면 증발이 억제되어 강수 효율이 높아진다. 하층에는 습윤한 공기로 차 있다 하더라도 중층과 상층부에 건조한 공기가 덮고 있다면, 증발 효과 때문에 강수 효율은 낮아진다.

한편 구름과 지면 사이의 기층에서도 습도에 따라 강수 효율이 달라진다. 상승 응결 고도(LCL), 즉 공기가 상승하여 응결이 시작하는 고도는 지면 부근이 건조할수록 높아진다. 운저가 높아지면 강수 입자가 지상으로 낙하하는 시간이 길어진다. 구름 속의 강수 입자가 지상으로 낙하하며 증발하게 되면, 그만큼 강수량이 줄어들고 강수 효율은 떨어진다. 반면 지면 부근이 습윤하여 상대 습도가 높아지면 운저가 낮아져 강수 효율은 높아진다. 종합해보면 대기 중에 수증기량이 많을수록 구름층이 두껍고 구름 주변의 공기도 습윤하여, 증발에 의한 강수량의 결손이 줄어들고 강수 효율이 높아진다고 하겠다.

셋째, 바람의 연직 시어가 적당해야 강수 효율이 높아진다. 연직 시어가 지나치게 크면 상층과 하층에서 수평으로 밀고 당기는 바람의 차이가 벌어진다. 구름 상부와 하부가 서로 비틀리고, 구름 내부의 연직 운동이 흐트러진다. 구름이 직립 구조를 갖기 어려워 연직으로 깊게 발달하기 어렵고, 주변 공기와 섞여 증발에 의한 손실도 늘어난다. 강수 입자의 성장이 저지되어 강수 효율이 떨어진다. 연직 시어가 크더라도 적운의 상승 기류로 인한 시어와 균형을 이루게 되면, 적운 활동이 조직화되어 강수 효율이 높아진다. 연직 시어의 수평 회전 성분이 적운 운동계로 유입되거나, 적운 운동계의 연직 회전 성분으로 전환하면서, 대기 중·하층에 국지 저기압이 강화되고 이 때문에 상승 기류가 유도되기 때문이다.

연직 시어가 작아지면, 구름이 직립에 가깝게 설 수 있어 깊게 발달할 수 있다. 증발에 의한 강수 입자의 손실도 작아져서 강수 효율이 높아진다. 그렇다고 연직 시어가 전혀 없다면, 강수 효율은 다시 떨어진다. 상승 기류 영역에서 생성된 강수 입자는 성장한 후에도 바로 그 영역 위에서 강수로 낙하한다. 강수는 낙하하며 하강 기류를 유발하기 때문에, 상승 기류가 저지되고 구름은 쇠퇴한다. 한여름 바람이 잔잔한 가운데 일사로 발생한 뇌운이 한차례 소나기를 뿌리고 소멸하는 과정을 떠올리면 알기 쉽다. 상승 기류와 하강 기류 영역이 포개져, 강수 지속 시간이 짧아지고, 강수 효율도 떨어진다. 연직 시어가 적당해야 상승 기류 영역과 하강 기류 영역이 서로 포개지지 않고 따로따로 위치할 수 있어, 적운이 오래 지속된다.

쇠퇴하는 적운 세포의 하강 기류 영역에 형성된 한기 풀(cold pool)에서 퍼져나가는 돌풍 전선과 주변의 하층 연직 시어가 적절하게 균형을 이루면, 그 경계에서 상승 기류가 유도되며 새로운 적운이 발생하기 유리하다 (MetED, 2003). 한기 풀 선단의 돌풍 전선은 중력파의 속도로 전파해 간다. 한기와 그 위를 흐르는 난기의 차이가 심할수록 돌풍 전선이 나아가는 속도도 빨라진다. 한기 풀과 돌풍 전선의 강도는 연직 불안정도와 중·하층 습도에 따라 달라진다. 대기가 불안정할수록 상승 기류가 강해지는 만큼 하강 기류도 강해지고 강수 강도도 높아진다. 또한 주변 대기가 건조하면 하강 기류에 섞인 강수가 증발하며 공기는 더욱 차가워진다. 하층 연직 시어는 앞서 불안정도와 함께 적운형 강수 구조를 분류하는 데 유용하게 쓰인다.

넷째, 방아쇠 조건은 적운이 발생하기 위해 충분한 요건을 갖추었는지를 묻는다. 아무리 수증기가 많고 불안정도가 높고 연직 시어가 적당하더라도, 방아쇠 조건이 충족되지 못해 적운이 발생하지 못하면 강수 효율은 바닥이다. 일단 적운이 발생할 수 있다고 판단되면, 비로소 불안정도나 연직 시어를 살펴보면서 강수 효율을 보정하게 된다.

대기가 불안정하다고 해서 적운이 곧바로 발생하는 것은 아니다. 통상 역전층이 하층의 수증기가 가진 잠열이 상부로 분출되는 것을 가로막고 있기 때문이다. 역전층을 해소하려면 하층에서 수증기를 추가로 공급하여 상승 응결 고도를 낮추어 주거나, 상승 기류의 강도를 더해 기층의 연직 불안정도를 높여주어야 한다. 상승 기류를 보태주면 하층에서 수렴하는 기류가 유도되면서 주변의 수증기를 끌어들이는 역할도 하므로, 역전층을 해소하는 2가지 요소가 서로 완전히 독립적인 것은 아니다.

역전층을 해소하는 데 이바지한다는 점에서 본다면, 대규모 기압계가 수증기 유입 통로와 상승 기류를 지원하여 강수를 유발하는 과정도 방아쇠 조건과 다르지 않다. 중·소규모 기상 환경에서는 하층 강풍대, 전선대, 지형, 지면 가열, 해륙풍, 건조역, 한기 풀이 방아쇠 역할을 한다. 하층 강풍대가 적운형 강수를 유발하는 과정은 전장에서 이미 논의한 바 있다. 하층 강풍대 선단에서는 상승 기류와 함께 수증기 유입이 강해 역전층이

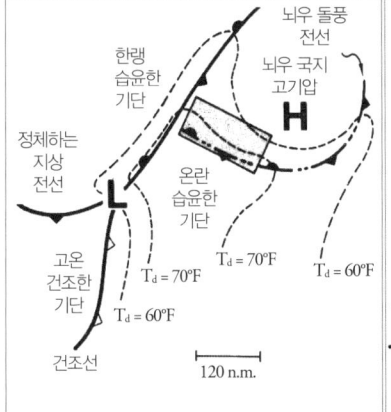
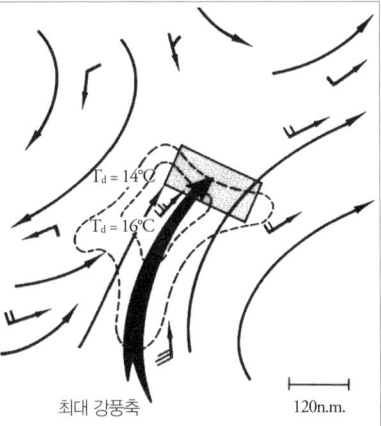
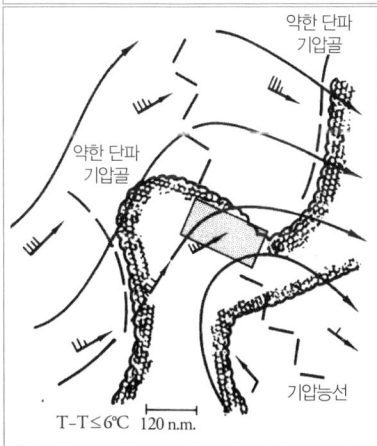

Fig. 4.2 뇌우로 인한 국지 고기압(thunderstorm bubble high) 경계 지역(outflow boundary)에서 나타나는 전형적인 호우 패턴의 모식도(Maddox et al., 1979, Fig. 10) 채색한 상자는 호우가 나타날 가능성이 큰 감시 구역이다. 패턴의 공간 규모는 120마일(n.m) 또는 193km의 눈금으로 유추할 수 있다. (상좌) 지상 일기도, 느리게 이동하는 정체 전선(quasi stationary surface front)의 동쪽과 서쪽에 각각 따뜻하고 습한(warm and moist) 기단과 서늘하고 습한 기단(cool and moist)이 대치한 상태. 정체 전선의 전면에서 남서풍을 따라 전선면에 나란하게 뻗어 나온 온습한 기단과 노쇠한 적운에서 뻗어 나온 한기 풀이 대치하는 전선면(thunderstorm outflow boundary)에 주요 호우 지역이 포진한다. 점선은 노점 온도의 등치선이다. 호우 가능성이 큰 지역은 노점 온도의 능선(moisture ridge or tongue)의 돌출부가 한기 풀에 의해 가로막혀 움푹 팬 한기 쪽에 형성된다. (상우) 850hPa 등압면의 일기도. 하층에는 시속 16~48km의 남남서풍(굵은 화살표, axis of maximum wind)이 강하게 부는 것이 특징이다. 가는 화살표는 유선이고, 깃털 모양의 화살표는 풍속으로, 작은 깃털은 시속 8km, 큰 깃털은 시속 16km를 나타낸다. 깃털이 여럿이면 모두 더한 값이 풍속이다. 하층 강풍대를 따라 높은 노점 온도 지역이 분포하고, 그 선단에 호우 가능성이 큰 구역이 위치한다. (하) 500hPa 등압면 일기도, 중층 고기압의 능선(ridge line)에 가까운 북측 가장자리에서 서풍 계열의 바람이 약하게 부는 곳이 호우 가능성이 크다. 연직 시어가 약하고 수증기층은 연직으로 두꺼워 강수 효율이 높다. 때로는 약한 중층 단파골(weak short wave trough, 기다란 점선)이 접근하며 적운 발생의 방아쇠 조건을 지원하기도 한다. 중층운의 영역은 기온과 노점 온도의 차이($T-T_d$)가 6°C 이하인 지역으로, 그 경계는 오돌토돌한 선으로 나타나 있다.

쉽게 허물어지게 된다. 다음으로 전선대나 지형에 따른 국지풍은 각각 하층에서 수렴 기류를 지원한다. 한 곳에서 일사로 지면이 급격하게 가열되면 역전층을 극복할 만큼 강한 부력이 생성된다. 지역적으로 일사량이 다르거나 열용량이 달라도 열적 연직 순환에 따른 상승 기류가 유도된다. 구름이 덮은 지역과 맑은 지역의 접경 구역이나, 열용량이 다른 육지와 바다의 경계선에서는, 일사로 인해 지역적으로 차등 가열되고, 열이 재분배되는 과정에서 경계면에 수렴선이 형성된다. 중층에서 차고 건조한 공기가 갑자기 유입하여도, 건조선(dry line)의 경계에서 연직으로 불안정이 심화하며 역전층이 약화한다. 한편 노쇠한 적운 세포에서 강수가 내린 지역에는 한기 풀이 형성되어 주변으로 퍼져 나가면서 그 경계에서 수렴 기류가 형성된다. 한기 풀 위로 하층 강풍대를 따라 온습한 기류가 강하게 유입할 때 흔히 발생하는 적운형 호우 사례를 Fig. 4.2에 예시하였다. 한기 풀이 아니더라도 앞서 예시한 다양한 경계면 위로 하층 강풍대가 형성되면, 강한 적운형 강수가 발생할 수 있다.

강수 효율을 좌우하는 4가지 요소 중에서, 연직 불안정도에 대한 모델의 예측성은 대체로 높은 편이다. 대규모 기압계와 마찬가지로 연직 시어의 평균적 크기나 회전 경향도 모델이 대체로 무난하게 모의한다고 볼 수 있다. 하지만 적운 시스템의 구조와 지속시간에 큰 영향을 미치는 지상에서 3km 고도까지의 하층 연직 시어는 예측 불확실성이 큰 편이다. 하층 수증기 유입량의 예측성은 기압계 패턴에 따라 다르다. 대규모 기압계가 지배하는 경우보다는 중·소규모 기압계가 작용할 때 예측성이 더욱 낮아진다. 방아쇠 조건은 국지적인 힘이 작용하는 경우가 대부분으로, 위 요소

중에서 가장 예측성이 낮다. 따라서 모델의 연직 불안정도와 연직 시어의 예측장을 분석하여 강수 효율을 부분적으로 보정하는 선에서 그치는 것이 무리가 없다.

2. 지속 시간

저기압의 이동이 대기 중상층 풍계와 관련이 있듯이, 소나기를 동반한 적운 시스템도 연직 바람 구조와 밀접한 관련이 있다. 개개 적운 세포는 대체로 지상에서 6km 또는 그 이상의 고도까지 깊은 기층의 연직 평균 바람을 따라 이동한다. 즉 구름 하부에서 상부까지 연직으로 평균을 취한 바람 벡터에 나란하게 이동한다고 볼 수 있다. 적운 세포는 평균 약 30분 정도면 소멸한다. 강수 지속 시간은 어느 지점에 몇 개의 세포가 지나가는가에 따라 달려있다. 강수 시스템은 다수의 적운 세포가 연속으로 또는 동시에 발생하면서 군집을 이룬다. 강수 시스템의 이동 속도나 방향은 개별 세포의 움직임과 반드시 일치하지 않는다. 시스템이 이동하는 동안에도 시스템 안에서는 새로운 세포가 생겨나기도 하고 소멸하기도 한다. 개별 세포의 이동 방향과 속도뿐만 아니라, 새로운 세포가 발달하는 방향과 위치를 따져봐야 전체 시스템이 전파해가는 이동 방향과 속도를 추정할 수 있다. 통상적으로 예보전문가가 기상레이더 동영상에서 강수 현상을 감시하고 추적할 때도, 개별 적운 세포가 아니라, 이것들이 한데 모여 조직화된 강수 시스템을 목표로 삼는 경우가 대부분이다.

강수 시스템의 이동을 논할 때, 흔히 '전파(propagation)'라는 용어로 표현한다. 수면에서 물결이 퍼져나갈 때, 개별 물 입자는 제자리에서 상하 운동을 하지만 수면 파동은 사방으로 퍼져나가는 데 비유한 것이다. 시스템을 구성하는 개별 강수 세포는 각각 다른 방식으로 진화하지만, 전체적으로 보면 시스템은 독특한 패턴을 유지하면서 옮겨간다. 개별 세포들은 각각 발달 수준이 다르다. 먼저 발생한 세포가 노쇠해가는 동안 새로 발생한 세포는 성장하기 시작한다. 예를 들면 스콜선(squall line)이나 활선(bow echo)은 선형으로 배열한 적운 세포의 집합체인데, 개별 세포의 전면에 새로운 세포가 발생하며 전체 강수 시스템은 개별 세포보다 빠른 속도로 전방으로 나아간다. 강수 시스템의 관점에서 보면 개별 세포는 시간이 가면서 점차 시스템의 후방으로 뒤처지며 노쇠해지고 결국 층운의 형태로 비를 뿌리다가 소멸한다. 하지만 스콜선은 계속 전방에 새로운 세포를 발생시키면서 전진하게 된다.

강수 시스템의 이동 속도는 한기 풀의 강도와 하층 연직 시어에 좌우된다. 한기 풀이 강하다면 새로운 세포가 발달하기 유리한 지점은 노쇠한 세포에서 퍼져 나온 돌풍 전선과 하층의 수증기 유입 통로가 만나는 곳이다. 적운 세포를 따라가는 이동 좌표계에서 보면, 하층 바람을 거슬러가는 방향으로 스콜 선의 적운열이 형성된다(Houze et al., 1989). 스콜선이 개별 적운 세포보다 앞서 가므로, 노쇠한 적운 세포는 상대적으로 스콜선의 후방에 배열하고 층운형 강수대를 형성한다. 하지만 대기가 상층까지 습윤하여 한기 풀이 약하거나 하층의 맞바람이 강하면 강수 시스템은 느리게 전진하고 노쇠한 세포와 층운형 강수 지역은 스콜 선의 전방에 위치하게 된다(Parker and Johnson, 2004; Pettet and Johnson, 2003). 적운 세포가 전파하는 방식이 복잡하고 비선형적이라서 강수 시스템을 선형적으로 단순하게 추적하는 것은 초보적인 근사에 지나지 않는다. 때로는 하층 대기가 불안정한 지역이나, 기상학적 특성이 서로 다른 경계선과 교차하는 곳에서 새로운 적운 세포가 발생하기도 한다. 때로는 약한 상층 단파골의 전면에서 발달하기도 한다(NWS, 2008).

전선대 주변에서 한란의 차이가 뚜렷하고 수증기층이 두꺼워 대규모 강제력이 강할 때는, 적운형 강수 시스템이 조직화되고 강수 지속 시간도 늘어나는 만큼, 6~12시간 이상의 예측성을 갖는다(Augustine and Caracena, 1994; Junker et al., 1999). 비록 개별 적운 세포는 짧은 시간 동안 발달했다가 소멸한다 하더라도, 이것들이 한데 모여 일궈내는 적운 군집체는 한동안 일정한 구조를 유지하는 경우가 적지 않기 때문이다. 특히 지형에 따라 적운 발생 지역이 특정되거나, 대규모 기압계의 힘을 강하게 받을 때는 적운 군집체의 구조가 더욱 뚜렷해진다.

반면 대규모 기압계의 지원이 약할 때는 강수 지속 시간도 짧아지고, 강수 시스템의 발생과 강도에 대한 예측성도 3시간이 채 안 된다(Pierce, 2014). 이런 때는 기상레이더 실황에 나타난 강수 시스템의 강도와 이동 속도를 파악하여, 모델이 예측한 주 강수대의 위치와 강도를 보정하는 것이 효과적이다. 기상레이더 영상에 나타나는 적운형 강수 시스템은 연직 불안정도와 연직 시어에 따라 각기 독특한 특성을 보인다(Thompson et al., 2012). 적운형 강수는 층운형 강수보다 강수 강도가 높아, 기상레이더 영상에서 밝은 구역에 속한다. 적운형 강수 시스템은 적운 세포의 연결 방식에 따라 크게 선 모양과 빵 모양으로 나누어진다. 앞서 예로 든 스콜선은 전형적인 선 모양의 강수 시스템이다. 연직 시어가 크면 스콜선처럼 주 적운열의 후방으로 노쇠한 적운 세포가 뒤처지며 광범위한 층운형 강수 지역이 분포한다. 바람이 회전하는 시어 구조를 갖게 되면 적운열 주변의 층운형 강수 구역도 복잡한 형태를 취한다. 선 모양의 적운열과 이동 벡터 사이의 각도에 따라 강수 지속 시간과 강수량이 크게 달라진다. 적운열과 나란한 방향으로 시스템이 이동하면 그 전방에서는 강수 지속 시간이 길어지고 강수량도 증가한다. 반면 적운열과 직각인 방향으로 시스템이 이동하면 강수 지속 시간이 짧고 강수량도 많이 늘어나기 어렵다. 빵 모양의 강수 시스템에서는 이동 방향이 달라지더라도 강수량에는 큰 차이가 없다. 아무리 강수 강도가 높더라도, 강수 시스템이 빠르게 움직이면 강수가 한곳에 오래가지 않으므로 강수량은 많이 늘어나지 않는다.

모델에서 많은 강수량을 예측했다 하더라도, 강수 시스템이 연직 평균풍을 따라 빠르게 전진할 가능성이 있을 때는, 모델의 예측 강수량을 하향 보정할 필요가 있다(NWS, 2008).

첫째, 빠르게 이동하는 상층 단파골의 강제력에 의해 적운형 강수가 유지되면, 이 강수대는 상층 단파골을 따라 빠르게 이동할 가능성이 크다. 당연히 강수 지속 시간은 짧아진다.

둘째, 강수대가 이동해가는 전방보다는 후방에서 하부 역전층의 강도가 강하다면, 전방에 새로운 세포가 발달할 가능성도 높아진다. 강수 시스템도 전방을 향해 더욱 빠르게 전파해 간다.

셋째, 강수대가 이동해가는 전방에 온습한 수증기가 몰려 있다면, 하층 대기도 불안정해지고 수증기원도 풍부해서 이 지역에 새로운 적운 세포가 발생하기 쉽다. 앞선 조건과 마찬가지로 강수 시스템은 전방으로 빠르게 전파하게 된다.

넷째, 중층이 건조하고 풍속이 강하면, 강수 시스템의 후방에서 건조 공기가 강하게 밀고 내려오기 때문에 적운 세포도 바람을 타고 빠르게 전진한다. 한편 연직 평균풍과 연직 시어가 나란하고 바람이 약하면, 강수 시스템의 후방에 새로운 세포가 생기기 쉽다. 이 경우는 연직 평균풍을 거스르는 방향으로 적운 세포가 반복하여 발생한 후 평균풍을 따라 이동해 가므로, 강수 시스템의 지속성을 참작하여 모델이 예측한 강수량을 상향 보정해 주어야 한다.

3. 적운형 강수 계산 특성

적운이 발달하면, 불안정한 대기 안에 잠재해있던 열역학적 에너지가 방출된다. 주변 공기보다 구름 내부의 온도가 오르면서, 부력이 증가하고 강한 상승 기류가 일어난다. 모델에서는 두 가지 방식으로 적운 강수량을 계산한다.

첫째, 적운형 강수를 층운형 강수와 구분 없이, 격자점에서 강수 과정(EP 또는 explicit scheme)을 직접 계산한다. 모델의 단위 격자점 기둥에서 일어나는 응결 과정과 상승 기류 효과를 직접 계산하는 방식이다. 이 방식은 모델의 해상도를 탄력적으로 줄여갈 수 있기 때문에, 중규모 강수 구조와 강수 지역을 정밀하게 계산하는 데 유리하다.

둘째, 적운형 강수를 층운형 강수와 구분하여 계산한다. 층운형 강수에 대해서는 격자 규모의 강수 과정을 따라 직접 계산한다. 적운형 강수는 간

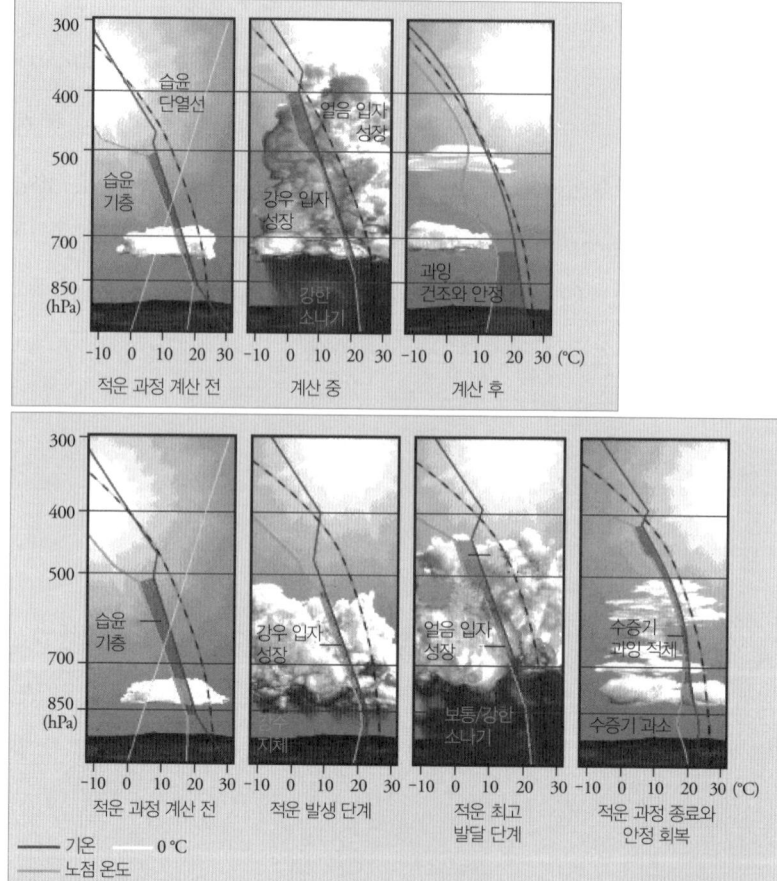

Fig. 4.3 모델의 적운 과정(CP, convective process) 계산(scheme) 특성(MetED, 2002b). 개별 프레임은 각각 모델에서 모의한 대기의 연직 구조를 열역학선도에서 나타낸 것이다. 열역학선도에서 우측 실선은 기온, 좌측 실선은 노점 온도이다. 대각선을 가로지른 사선은 빙점(0°C)을 나타낸다. 또한 점선은 습윤 단열선(moist adiabat)이다. 기온과 노점 온도 사이의 채색 구역은 공기가 포화 상태에 근접한 습윤 기층을 가리킨다. 배경에는 구름이 중첩되어 있다. 좌측에서 우측까지 순차적으로 모델에서 계산한 적운 발달과 쇠약 단계를 제시하였다. (상) 과다 계산(overactive CP)하는 경우, 대기가 연직적으로 불안정하면 적운이 발생한다(before CP scheme). 적운 과정에서 연직으로 잠열이 재분배되면서, 수적이나 얼음 입자가 넘쳐나면서(saturated for ice or water) 한꺼번에 많은 강수(heavy rain)가 내린다(during CP scheme). 대기는 연직적으로 빠르게 안정해지고 건조해진다(too dry and stable, after CP scheme); (하) 과소 계산(underactive CP)하거나, 격자 강수 과정(explicit scheme)만 계산하는 경우에도, 대기가 연직적으로 불안정하면 적운이 발생한다(before CP scheme). 적운이 발달하기까지 시간이 걸리고 강수 강도도 그다지 크지 않다(before and mature phase of convection). 적운이 쇠퇴한 후에도 연직으로 습윤 기층이 두껍게 남게 된다(instability relieved by model).

접적인 방식(CP 또는 convection parameterization scheme)으로 추정한다. 모델의 단위 격자점 기둥 내부에서 일어나는 적운의 활동이 격자점 규모의 운동계에 미치는 물리적인 효과를 단순하게 처리하여 적운형 강수량을 추정한다.

모델의 단위 격자점이 차지하는 면적의 크기에 따라 두 방식이 차지하는 역할도 달라진다. 단위 계산 면적이 작아질수록 EP가 차지하는 비중이 높아진다. 단위 계산면적이 200m×200m 이하로 줄어들면 EP 만으로도 강수량 계산을 마칠 수도 있다. 그러나 관측망의 조밀도가 이 규모에 미치지 못하고, 소규모 운동계에 대한 모델 예측성의 한계로 인해, 적운을 수치 모의하는 데 근본적인 한계가 있다(MetED, 2010). 물론 현재의 슈퍼컴퓨터 기술로도 단위 계산 면적이 1km×1km까지 모델의 해상도를 높일 수도 있다. 대규모 기압계나 지형에 의한 강제력이 지배하는 기상 여건에서는 고해상도 모델이 더욱 정교하게 강수 지역과 강수 강도를 예측하기도 한다. 하지만 대규모 기압계의 강제력이 약하거나, 모델 내부의 여러 물리과정이 복합적으로 작용하는 기상 여건에서는 고해상도 모델이라도 강수 시점, 지역, 강도를 예측하는 능력이 현저하게 떨어진다(MetED, 2010). 특히 EP를 채택할 경우, 상승 기류 구역이 주변에 있는 3~4개의 모델 격자점으로 확대되어, 격자 규모의 적운 활동이 과대 모의된다.

비정상적으로 강한 상승 기류와 함께, 국지적으로 강수량이 비현실적으로 과다하게 계산될 수 있다. 심할 경우 수치 계산 불안정 현상을 불러와 수치 계산이 중단되기도 한다. 또한 지면 부근에서부터 출발하여 모델의 연직 격자점을 따라 일일이 응결 과정을 계산함에 따라, 적운의 발생 시점이 늦어지는 문제도 안고 있다.

반면 CP에서는 적운의 에너지를 강제적으로 재분배함으로써, 적운 물리 과정을 계산하는 과정에서 야기되는 수치 불안정 현상을 효과적으로 제어할 수 있다. 따라서 CP를 채택하여 수치 계산 오류를 피하면서도 적운에 의한 소낙성 강수량을 현실적으로 모의하기 위한 공학적 튜닝(tuning)이 필요하다. 적운 강수량 계산 방식에 따라 적운 활동을 과다 계산하거나 과소 계산하는 특징을 보이기 때문에, 그때 마다 다른 처방이 필요하다(MetED, 2000; 2002b).

적운 활동을 과다 계산하는 경우는, Fig. 4.3의 상단 모식도에서 보듯이, 실제보다 빠르게 강수를 쏟아낸 후 모델 대기가 건조해지게 된다. 그리고는 적운이 흘러가는 전방 지역에서 강수량을 과소 모의하게 된다. 대기의 연직 불안정도가 크지 않은 지역에서 적운형 강수를 모의한다면 이러

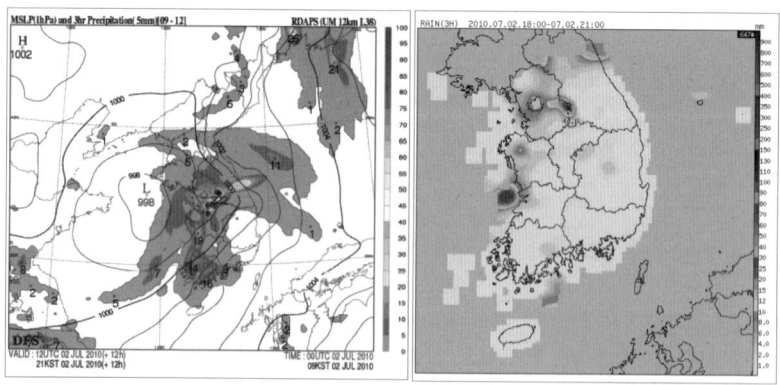

Fig. 4.4 모델이 적운 활동을 과소 모의하여, (좌)격자 규모의 강수량을 (우)관측 강수량보다 과대 모의한 사례. 해면 기압 등치선 위의 채색 구역은 등급별 누적 강수량이다. 단위는 mm. 좌측 그림에서 모델(UM)의 격자점 간격은 수평으로 12km이다. 연직 층수는 38개다. 초기 조건의 시점은 2010년 7월 2일 09시. 누적 강수 예측 기간은 같은 날 18~21시이다. 우측 그림은 지상 우량계로 관측한 실측 강수량이다. 모델은 경기 남부와 동부 지역에서 국지적으로 최대 222mm에 육박하는 3시간 누적 강수량을 예측한 반면, 같은 시간 동안 해당 지역에 내린 강수량은 최대 40mm에 불과했다(Lee(2011)의 Fig. 10.3.2). (출처: 기상청)

한 징후를 보이는 것으로 의심해 볼 수 있겠다. 이런 때는 모델의 적운형 강수 지역에서 바람이 흘러가는 방향으로 모델 강수량을 늘려 줄 필요가 있는지 검토가 필요하다.

적운 활동을 과소 모의하는 경우는, Fig. 4.3의 하단 모식도에 제시한 바와 같이, 적운형 강수가 억제되면서 모델 대기 중에 수증기가 실제 이상으로 많이 남게 된다. 격자 규모의 강수 과정이 작동하면서, 격자 규모의 강수량이 적운 주변과 바람이 흘러가는 지역에서 과다하게 생산된다. 더구나 격자 규모의 잠열이 증가하며 지상 저기압이 비정상적으로 발달하게 되고, 주변 기압계에도 변형이 가해진다. 일 예로 Fig. 4.4에서 모델은 서울 부근에 매우 강한 강수를 좁쌀처럼 군데군데 예측했는데, 실측 강수량은 이보다 훨씬 작은 양을 기록했다. 이는 CP가 과소하게 작동한 나머지, 대기 중에 남은 잔여 수증기가 과도하게 격자 규모의 강수로 전환하여 비롯한 것으로 보인다. 이런 때는 모델의 적운형 강수 지역과 바람이 흘러가는 방향으로 모델 강수량을 줄이는 것을 검토해 보아야 한다. EP 방식으로 적운형 강수량을 예측한 경우에도 유사한 처방이 필요하다.

지상 일기도 위에 나타난 예상 강수량은 기압계 패턴에 따라 EP 또는 CP의 방식으로 계산한 결과다. 어느 방식을 채택하든지 간에 적운형 강수량만을 따로 떼어 내어 해석하는 것은 별 의미가 없다(MetED, 2002b). 적운형 강수를 계산하는 방식은 다분히 임의적이고, 특별한 목적에 맞게 공학적으로 설계된 것으로, 개개 사례마다 적운 모의 특성도 달라진다. 따라서 모델에서 계산한 총 강수량을 우선 고려하고, 적운형 강수량은 대기의 연직 불안정도나 강수 강도를 가늠하는 보조 지표로 삼는 것이 바람직하다.

일반적으로 적운형 강수에 대한 모델의 예측능력은 매우 제한적이다. 예를 들면 스위스 기상 예보관들이 주관적으로 검증한 조사 결과에 따르면, 70건의 사례 중에서 모델 예측 결과가 적운형 강수량 예보에 도움이 되었던 경우가 고작 18건에 불과하였다(Kiene et al., 2001). 물론 이로부터 15년이 지난 지금도 상황은 크게 나아졌다는 보고는 좀처럼 들리지 않는다. 특히 모델에서 CP가 작동하게 되면, 모델 적운 지역은 물론이고 바람이 불어가는 지역에서도 전선대를 비롯한 대규모 기압계도 틀어질 수 있다(MetED, 2002a). 또한 모델 대기가 실제와 다르게 전개되어, CP가 작동하지 않는 지역이나 바람이 불어가는 전방에서도 모델의 기압계가 왜곡될 수 있다. 또한 CP의 계산 방식에 따라서 모델의 예측 강수량도 큰 차이가 날 수 있다. 예를 들면, Fig. 4.5에서 CP 방법의 일종인 KF(Kain Fritsch) 방법과 Kuo 방법은 대규모 기압계의 강제력이 강한 때는 서로 유사한 강수 분포를 보인 반면, 강제력이 약한 때는 매우 다른 강수 분포를 보였다. 일반적으로 대규모 강제력이 약한 때는 CP 계산 방식에 따라 강수 지역과 분포가 크게 달라질 수 있다.

따라서 CP가 작동하기 전 단계에서 모델이 예측한 대규모 기압계의 특징을 미리 파악해 놓은 다음, 기상위성 영상이나 기상레이더 영상을 판독하여 모델이 모의한 적운형 강수 지역이 신뢰할 수 있는 것인지 따져보아야 한다.

적운이 연직으로 깊게 발달한 구역은 기상위성 적외선 채널 영상에서 구름 상부의 온도가 낮게 나타난다. 기상레이더 영상에서는 반사도가 강한 지역으로 나타난다. 한편 적운이 쇠퇴 단계에 들어서면, 상승 기류가 현저히 약화하여 구름 상부에서 눈이나 얼음 알갱이가 중력을 이기지 못해 서서히 낙하하며 성장하는데, 빙점부근까지 하강하면 표면이 녹으면서 반사도가 급격하게 증가하게 된다. 다시 말해 빙점 부근에서 층운형 강수가 진행하면 기상레이더 영상에서는 밝은 띠로 나타난다(Houze, 1997). 따라서 반사도가 강한 지역만으로 적운형 강수를 구분해 내는 데 한계가 있다. 일반적으로 층운형 강수는 반사도가 약한 곳에서 대부분 나타나므로, 기상레이더 영상에서는 먼저 층운형 강수를 가려내는 것이 우선이다. 반사도가 약한 곳을 따라 층운형 강수 구역을 구분하고, 적운형 강수 구역과 대비하면, 양 유형의 강수량 비율을 정성적으로 추정할 수 있다. 물론 모델에서

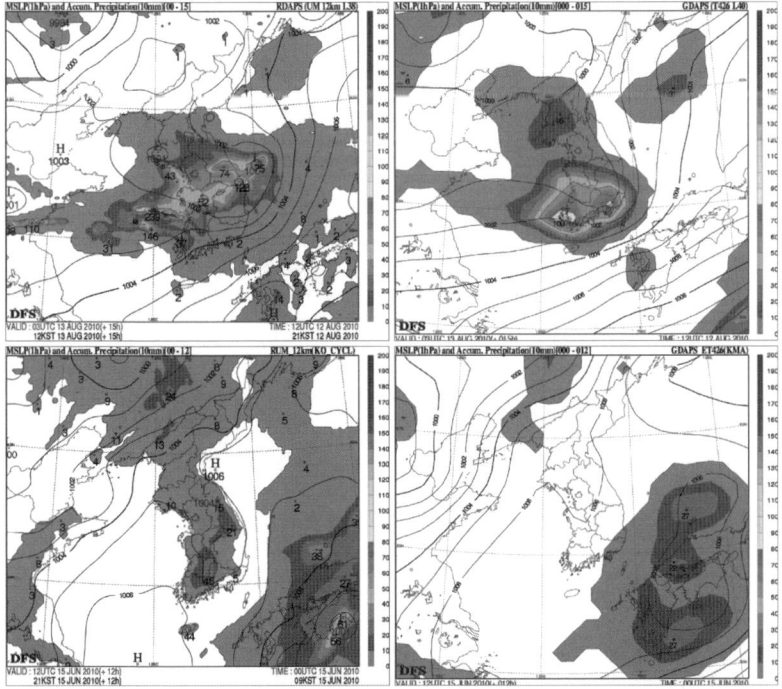

Fig. 4.5 적운 강수 계산 방법(CP)에 따른 모델 예측 강수량의 민감도 사례. 해면 기압 등치선위의 채색 구역은 등급별 15시간 누적 강수량이다. 단위는 mm. (좌) KF 방법, (우) Kuo 방법. 상단 그림은 대규모 기압계의 강제력이 강한 경우로서, 초기 조건의 시점은 2010년 8월 12일 21시이다. 하단 그림은 대규모 기압계의 강제력이 약한 경우로서, 초기 조건의 시점이 2010년 6월 15일 09시 이다(Lee(2011)의 Fig. 10.2.1과 10.2.2). (출처: 기상청)

도 기상레이더나 기상위성에서 탐측한 복사 자료를 활용하여 현재 진행 중인 강수 상황을 재현해내고 이를 초기 조건에 반영하여 예상 강수량을 계산해 낸다. 모델의 해상도가 높아지면, 복사 자료 동화 과정이 더욱 정교하게 진행될 수 있다. 하지만 이러한 자료 동화의 효과는 초기 2~3시간에 국한되고, 이후에는 앞서 지적한 모델의 내부 결함으로 인한 계산 오차가 더 빠르게 증가하여 강수 예측 능력이 현저하게 떨어지게 되므로 실황 감시의 필요성은 여전히 줄지 않는다(MetED, 2010).

강수 시스템에서 적운형 강수가 차지하는 비중은 계절과 기압계 패턴에 따라 달라진다. 겨울에는 대부분 층운형 강수로 보아도 무방할 것이다. 서해 상에서 한기가 남하하며 발달하는 눈구름은 비록 적운형 강수에 속하기는 하지만, 구름의 키가 작고 강수 강도도 여름철 소나기에 비해 약하기 때문에 대규모 기압계의 분석으로도 강수량을 적절하게 보정할 수 있다. 봄부터 가을 사이에 우리나라를 지나가는 온대 저기압에는 층운형 강수에 적운형 강수가 섞여 있는 경우가 많다. 따라서 강수 지역 안에서 적운형 강수 가능성이 큰 지역을 구분해 내는 것이 필요하다. 여름철 장마 전선 상에서 발달한 저기압에 대해서도 사정은 마찬가지다. 적운형 강수가 지배하는 기압계 패턴도 있다. 여름철 아열대 고기압 가장자리에서 일어나는 국지성 집중호우, 그리고 여름철과 가을철 사이에 내습하는 태풍에 동반한 나선형 강수를 예로 들 수 있다. 여름철에 흔히 나타나는 국지성 소나기도 대부분 적운형 강수다. 이하에서는 적운형 강수가 발생하는 기압계 패턴별로 구분하여, 모델의 예측 강수량을 보정하는 방법에 대해 부연 설명하기로 한다.

3장

기압계와 적운형 강수
PRECIPITATION FORECAST

1. 고기압 가장자리

불안정한 기단이 고압부에 자리를 잡게 되면, 하강 기류로 인해 일중 구름이 많지 않아 낮에는 일사로 지면이 달구어져 연직 불안정이 심해진다. 또한 바람도 약해 적운이 연직으로 깊게 자랄 수 있다. 특히 고기압의 가장자리는 중심 구역보다 하강 기류가 약하고 역전층 뚜껑도 강하지 않아, 조그마한 방아쇠 요인에도 쉽게 적운이 발생할 수 있다(Doswell et al., 1996). 때로는 고기압권에서 주변으로 확산하는 기류에서 구름 활동이 활발해지면서, 한기역을 향해 서서히 상승하는 사면을 따라 기층의 불안정도(CSI, conditional symmetric instability)가 가중되기도 한다(Blanchard et al., 1998). 고기압에서 저기압을 향해 가해지는 압력과 연직 불안정에 의한 부력이 함께 가세하여 기류를 계속 밀어 올리기 때문이다. 고기압 가장자리에서 호우가 발생할 가능성이 크다는 점은 Fig. 4.2나 4.6과 같이, 미국의 주요 호우 패턴에서도 쉽게 확인할 수 있다.

장마 전선이 물러가고 대신 북태평양 고기압이 우리나라로 확장해 오면, 그 가장자리에는 온습한 해양성 기단이 점유하며 대기가 연직적으로 불안정하다. 언제라도 깊은 적운이 발달할 수 있는 조건은 갖추고 있지만, 방아쇠 요인이 관건이다. 통상적으로는 고기압성 하강 기류가 역전층을 지지하며, 수증기는 지면과 역전층 사이에 갇혀 있게 된다. 전선대도 약해 기압골이 지나가기도 어려운 형국이다.

하지만 고기압 가장자리를 따라 하층 강풍대가 형성되면 온습한 수증기가 강하게 유입하면서 국지적으로 역전층이 해소된다. 깊은 적운이 좁은 지역에서 반복적으로 발달하며 고기압 가장자리를 따라 이동하며 많은 비

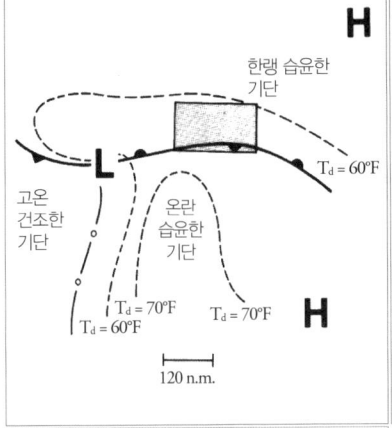
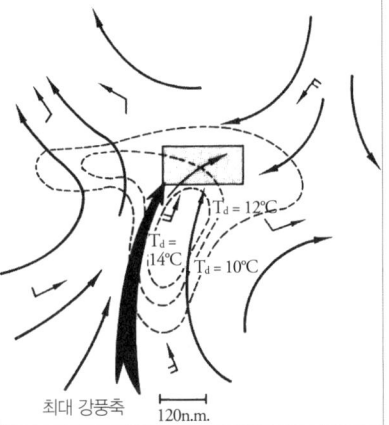
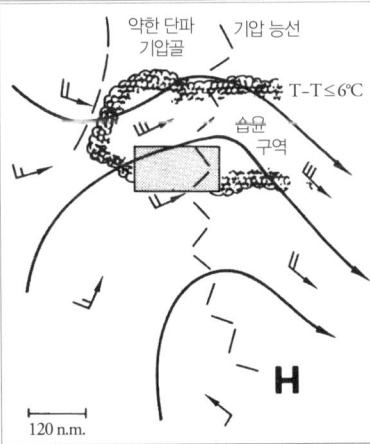

Fig. 4.6 고기압(H) 가장자리에서 나타나는 전형적인 호우 패턴의 모식도. 미국 기상학자 매독스는 동서로 형성된 전선 주변에서 나타난다고 해서 전선 패턴(frontal pattern)이라고 명명하였다(Maddox et al. 1979, Fig. 8). 채색한 상자는 호우가 나타날 가능성이 큰 감시 구역이다. 패턴의 공간 규모는 120마일(n.m) 또는 193km의 눈금으로 유추할 수 있다. (상좌) 지상 일기도. 동서로 늘어선 정체전선의 북쪽과 남쪽에는 각각 서늘하고 습한(cool and moist) 기단과 따뜻하고 습한(warm and moist) 기단이 대치한 상태다. 점선은 노점 온도의 등치선이다. 호우 가능성이 큰 지역은 쐐기처럼 불룩하게 튀어나온 노점 온도의 능선(moisture ridge or tongue)의 북쪽에 전선대를 넘어 한기 쪽에 형성된다. (상우) 850hPa 등압면의 일기도. 하층에는 시속 16~48km의 남풍(굵은 화살표, axis of maximum wind)이 강하게 부는 것이 특징이다. 가는 화살표는 유선이고, 깃털 모양의 화살표는 풍속으로, 작은 깃털은 시속 8km, 큰 깃털은 시속 16km를 나타낸다. 깃털이 여럿이면 모두 더한 값이 풍속이다. 하층 강풍대를 따라 높은 노점 온도 지역이 분포하고, 그 선단에 호우 가능성이 큰 구역이 위치한다. (하) 500hPa 등압면 일기도. 중층 고기압의 능선(ridge line)에 가까운 북측 가장자리에서 서풍 계열의 바람이 약하게 부는 곳이 호우 가능성이 크다. 연직 시어가 약하고 수증기층은 연직으로 두꺼워 강수 효율이 높다. 때로는 약한 중층 단파 기압골(weak short wave trough, 기다란 점선)이 접근하며 적운 발생의 방아쇠 조건을 지원하기도 한다. 중층운의 영역은 기온과 노점 온도의 차이($T-T_d$)가 6℃ 이하인 지역으로, 그 경계는 오돌토돌한 선으로 나타나 있다.

를 뿌린다. 강수대의 폭은 개별 적운의 규모와 비슷하게 30~40km에 그친다. 시간당 40mm 이상의 강한 강수가 몇 시간 이상 지속하는 경우가 적지 않다. 하층 강풍대가 강화되는 새벽녘에 이 같은 현상이 빈발한다. 때로는 하층 강풍대가 산악 지대에 부딪히며 강제 상승으로 깊은 적운이 발달하며 수 시간 동안 산간 계곡에 집중호우를 뿌리기도 한다. 지리산 자락에서 1998년 8월 1일 새벽에 발생한 호우가 대표적인 사례다(이우진, 2006a).

모델에서도 고기압의 배치와 주변의 연직 불안정도를 비교적 잘 모의하는 편이다. 또한 따뜻한 고기압은 키가 커서 대기 중상층에서도 패턴이 뚜렷할 뿐 아니라, 상당한 기간 지속성을 보이기 때문에, 기압계 흐름에 대한 모델의 예측성도 높은 편이다. 다만 적운을 촉발하는 방아쇠 역할에 대해서는 모델의 예측성이 많이 떨어지므로 실황과 개념적 모델을 참고하여 주관적으로 판단해야만 한다.

첫째, 하층 강풍대의 움직임을 주시해야 한다. 강풍대의 선단은 하층에서 수렴 기류를 유도하므로 방아쇠 요인으로 작용한다. 특히 야간에는 강풍대가 활성화되므로 자정부터 새벽 사이에 하층의 수렴역이 발생할 가능성을 주시해야 한다. 때로는 역전층 위에서도 적운(elevated convection)이 발생할 수 있으므로 지상부터 1.5km 고도 사이의 기압계 패턴을 촘촘히 살펴보아야 한다. 특히 Fig. 4.6의 모식도에서 제시한 바와 같이, 약한 지상 전선대 북쪽에 자리 잡은 한기역에서 강한 적운형 강수가 내린다. 장마철이 지나 본격적으로 폭염이 시작하는 8월에는 지상 부근에서 전선대가 매우 미약하여 대신 수렴대 위로 하층 강풍대가 밀어닥치면서 강한 적운형 강수가 발생하기 쉽다. 하층 강풍대의 세기와 전선면의 기울기에 따라서는 지상 전선대에서 100~200km 이상 벗어난 곳에 강한 강수대가 관측되기도 한다(Moore et al., 2003). 한낮의 호우로 지면 부근에 찬 공기 풀이 형성되면 역전층 뚜껑이 강해져서 적운이 발생하기 어려우나, 야간에 하층 강풍대가 발달하면 앞서 Fig. 4.2에서 제시한 바와 같이, 기류가 수렴하는 선단에서 적운 세포가 점화하기도 한다.

둘째, 지면 부근에서 불연속선은 없는지 확인해 보아야 한다. 구름이 낀 지역과 맑은 지역에 각각 해가 비치면, 차등 가열로 인해 양 지역의 경계면을 가로질러 연직 순환 운동이 일어난다. 맑은 지역에서는 기류가 상승하여, 적운이 발생하기도 한다. 한편 새벽에는 구름 상부에서 복사 냉각으로 인해 온도가 떨어지며, 구름 내부의 기층이 연직적으로 더욱 불안정해지며 적운 활동이 재점화되기도 한다. 오래된 전선, 해륙의 경계, 차등 가열로 지형의 성질이 달라진 경계에서 적운이 점화되기도 한다. 강풍대가 산악에 부딪히면 강제 상승에 따른 적운 발생도 유의해야 할 부분이다.

셋째, 해상에서부터 내륙을 향해 하층 강풍대가 발달하여 수증기가 유입되는 통로가 계속 유지되면, 통로 상에서 먼저 적운이 발생한 곳에서 열차처럼 계속해서 호우 세포가 발달하여 하층 강풍대를 따라 내륙으로 줄지어 이동한다. 기상레이더 영상에서는 선형 띠(line echo)가 하층 강풍대를 따라 길게 이어져 한동안 선 모양이 변함없이 유지한다. 이런 때는 실황을 보고 집중도를 고려하여 모델의 예측 강수량을 최대한 늘려 잡아야 한다.

넷째, 기상레이더 반사도 영상에서 콩알만 한 크기의 단 세포 강수 시스템이 한곳에 머무르며 몇 시간 동안 150mm 내외의 강수량을 기록하는 경우도 있다. 역전층이 강하고 주변에 경쟁하는 세포가 없다면, 하나의 강수 세포가 단독으로 발달하게 된다. 대기 중에 수증기가 충분하고 연직적으로 매우 불안정하면 강한 비와 뇌전을 동반한 적운으로 깊게 발달할 수 있다. 게다가 연직 평균 바람과 시어가 약하면, 호우 세포가 느리게 이동하거나 한 곳에 정체할 수 있다. 이렇게 발생한 단세포 적운 시스템은 한두 시간 내에 발달하여 소멸한다 해서 펄스 스톰(pulse storm)이라고 부르기도 한다(Arnold, 2007). 모델에서는 이런 돌발적인 소나기 현상을 거의 잡아내지 못한다. 물론 뇌우 포텐셜(potential)은 매우 높을 것으로 예측하기는 한다. 따라서 모델의 포텐셜을 고려하면서도 실황 분석을 중시하여 수시로 모델 예측 강수량을 기민하게 보정해 주는 것이 필요하다.

2. 한랭 전선과 난역

전형적인 온대 저기압에서는 한랭 전선 주변과 전선 전면의 난역에서 적운형 강수가 자주 발생한다. 이 지역에서는 모두 하층에서 온난 컨베이어벨트를 따라 남서쪽에서 수증기가 원활하게 공급된다. 온대 저기압권에 들면 연직 상승류가 유도되는데, 이것이 대류 활동을 촉진하는 원인이 된다. 하층에서 수렴 기류에 의해 수증기가 모여들면 하층의 습도가 높아지면서 응결 고도가 낮아진다. 기층이 상승하면서 기층의 대기 안정도가 점차 불안정한 방향으로 전이하고, 하층의 역전층도 완화된다.

한랭 전선에서는 찬 공기가 따뜻한 공기 밑으로 파고들며 전선면의 경사가 가팔라진다. 한란의 대치가 심해지며 난기는 상승하고 한기는 하강하는 직접적인 연직순환 운동이 활발해진다. 한기의 세력에 따라 적운형 강수 과정은 2종류로 나누어진다.

첫째, 한기가 미는 힘이 약하면 전선대를 따라 상승하는 난기에 의해 적운 활동이 촉진된다.

둘째, 한기의 힘이 강하면, 전선대보다 풍하측에 있는 난역 위로 중층 한기가 밀어닥치며, 대기는 연직적으로 매우 불안정한 상태가 된다. 중층 건조역이 후방에서 한기와 함께 가세하면, 난역에서의 적운 활동은 더욱 강렬해진다. 전자는 후자보다 연직 불안정도가 약하지만 연직 시어도 약하다. 불안정도와 연직 시어가 서로 경쟁 관계에 있어, 강수 효율의 대소를 따지기는 쉽지 않다. 다만 전자는 후자보다 풍속이 약해 강수 지속 시간이 더 길다. 한랭 전선은 중상층 기압골의 전면을 따라 이동하기 때문에 한랭 전선형 강수대에 대한 모델의 일반적 예측 신뢰도는 대체로 높은 편이다. 하지만 한랭 전선에 의해 유도된 적운형 강수는 폭이 매우 좁고, 모델의 수평 분해능의 한계로 인해 강수대의 위치와 시점에 대한 예측 오차를 고려해야 한다.

때로는 Fig. 3.1과 같이, 노쇠한 온난 전선의 경계 지역으로 한랭 전선이 접근하며, 불안정한 대기 조건에서 적운의 발달을 촉진하는 방아쇠 역할을 하기도 한다. 한랭 전선이 접근하면 그 전면에 강한 남서풍 계열의 하층 강풍대가 발달하고, 이 기류가 온난 전선면을 타고 넘어가면 적운 활동이 강해진다(Moore et al., 2003). 특히 여름철 장마 전선 주변에서는 대체로 불안정한 기단이 점유하고 있어서, 온습한 하층 강풍대가 장마 전선 위를 강하게 활승할 때도 전선대 북측에 적운형 강수대가 발달하게 된다. 이 패턴은 하층 강풍대가 강화되는 야간에 자주 발생한다. 적운에 의해 연직으로 열에너지가 재분배되며 하층에 한기 풀이 형성되면, 전선대는 약화하고 돌풍 전선을 따라 강수대가 남하하기도 한다. 남하하는 거리는 적운의 강도와 관련이 있다. 수증기층이 두껍고 연직 불안정도가 높으면, 한기 풀의 세력도 강해 더 남쪽으로 많이 내려올 수 있다. 그 반대의 경우에는 전선대 북측에 강수대가 계속 남기도 한다(NWS, 2008).

일반적으로 모델은 연직 해상도가 낮으므로 하부 역전층의 구조와 하층 강풍대를 제대로 다루기 어렵다. 온난 전선 주변에서 적운형 강수가 발달하는 위치나 시점을 예측하는 데 상당한 한계가 따를 수밖에 없다. 후면의 한기가 빠르게 남하하며 발생하는 한랭 전선형 강수대나, 온난 전선 북측의 강수대에 대한 모델의 예측 오차가 적지 않기 때문에, 기상레이더 영상을 보면서 강수대의 이동 속도와 방향을 보정해 주어야 한다.

3. 중상층 한기 유입

상층에서 폐곡된 차가운 저기압이 발해만에서 느리게 우리나라로 접근해 오면, 대기가 불안정해지면서 소낙성 강수가 내린다. 상층 저기압 주변에는 전형적인 온대 저기압과는 다르게 하층에서 체계적인 온난 컨베이어벨트가 형성되기 어렵고 바람도 약하다. 게다가 대개 상층 저기압은 북서쪽 내륙을 장시간 거쳐 오기 때문에, 수증기량이 작은 편이다. 하지만 상층 저기압이 발해만으로 접근하면, 하층 바람은 서풍 계열로 풍향이 바뀌면서 수증기가 잠시 유입된다. 대기는 매우 불안정하지만 유입한 수증기량이 적어 강수량도 그다지 많지 않다. 다만 겨울철에는 적은 강수량이라도 적설로 따지면 큰 눈이 될 수 있어 유의해야 한다.

중층이나 하층에서 한기가 유입하더라도 지면이나 해면이 상대적으로 따뜻하면, 대기가 불안정해지며 적운형 강수가 유발된다. 대개 고기압 주변에서 발생하고, 상층 저기압과 달리 적운의 키가 높지 않은 것이 특징이다. 초여름 오호츠크 해 기단이 키가 작은 고기압 가장자리를 따라 동해안 내륙으로 유입한 상태에서 일사로 지면이 달궈지면 대기가 빠르게 불안정해지고 적운형 강수가 유발된다. 한편 겨울철에는 상층 한기가 따뜻한 해수와 상호작용하며 한두 시간 내에 5~7cm의 눈이 내리기도 한다. 한겨울 만주 부근에 상층 저기압이 자리를 잡으면 저기압의 장축이 시계 반대 방향으로 회전하며 24~36시간 간격으로 주기적으로 일기의 변화를 초래한다. 장축은 파장이 짧은 기압골에 해당하며, 단파골이 서해 상으로 접근할 때마다 서해의 따뜻한 해면 위에서는 나선형 적운 열이 급격하게 발달하며 강한 소나기성 눈이 내리게 된다.

4. 집중성의 문제

적운형 강수는 층운형 강수와는 달리 집중성의 문제도 안고 있다. 어느 지역에서 면적 평균한 강수량은 동일하다 하더라도, 강수 집중도에 따라 강수량의 공간 분포는 크게 달라진다. 층운형 강수는 수증기가 유입한 전체 지역에 비교적 고르게 분포하는 반면, 적운형 강수는 일부 지역에 제한적으로 대부분의 강수량이 분포한다. 다시 말해 적운형 강수는 강수량의 지역 편차가 매우 심한 편이다. 리처드 케인과 동료 연구진은 74개의 중규모 강수 시스템을 조사한 결과, 80mm 이상의 호우 지역은 전체 강수 면적의 10%에 불과하다는 것을 확인한 바 있다(Kane et al. 1987).

적운 강수 세포가 발달한 곳 주변에는 흔히 적운에 의해 유도된 상승 기류의 반대급부로 하강 기류가 자리 잡아 무강수 지역이 분포한다. 수증기가 좁은 지역으로 유입하면서 적운이 계속 발달한다면 세포가 이동하는 방향으로는 기다랗게 강수대가 분포할 수 있다. 노쇠한 세포에서 비롯한 층운형 강수도 주 적운열 주변에 배치되어, 강수 시스템은 폭이 매우 좁은 강수 띠의 형상을 취한다(Parker, 2007). 일반적으로 구름층의 연직 평균풍이 하층 전선대와 나란할 때 강수대는 집중성을 보이는 경향이 있다. 연직 불안정도가 심하지 않거나 연직으로 습윤층이 두꺼우면 적운이 발달하더라도 하강 기류 지역에서 증발이 작아 한기 풀이 약하다. 적운 세포가 유발하는 한기 풀의 세력이 약한 가운데 하층 시어와 균형을 이루게 되면, 강수대의 이동이 느려지는 만큼 강수의 집중도는 높아진다.

적운형 강수가 주류를 이룰 때는 강수 효율과 함께 강수 면적을 고려해야 한다. 다시 말해 수증기가 유입하는 전체 면적 대비 적운이 발달하는 좁은 면적의 비율만큼을 예상 강수량에다 곱해주어야 최대 강수량을 예측할 수 있을 것이다. 예를 들어 폭이 100km인 지역에서 하루 동안 예상 강수량이 10mm라고 치자. 적운 강수 띠의 폭이 20km라면, 최대 강수량은 5배 정도 늘어나 50mm가 된다. 적운 강수 띠의 폭이 10km라면 최대 강수량은 100mm까지 늘여 잡아 주어야 할 것이다. 강수 강도가 높아질수록 강수가 집중한 지역을 짚어내기가 더 어렵다. 강수 예측 정확도는 강수 강도에 따라 지수 함수적으로 떨어지는 점을 살펴, 집중호우가 예상되는 지역에 대해서는 강수량의 공간적인 편차를 고려하여 예측 강수량의 양적 범위를 크게 늘려 잡아야 한다. 여름철 강한 소나기가 예상될 때, 기상청의 강수량 예보문에 '5~40mm', '10~70mm', '30~100mm'과 같이 일일 강수량의 범위가 넓어지는 것도 같은 맥락이다.

5부

태풍과 상호작용

1장
일반 예측 특성
PRECIPITATION FORECAST

1. 태풍의 강수 구조

　　　　　　　　　　태풍은 주로 여름철과 가을철 우리나라에 영향을 준다. 적운 활동이 강한 지역의 수평 규모가 대략 500~1,000km 정도로서, 편서풍 파동보다 훨씬 작다. 대략 대기 중층 기류를 따라 이동한다. 통상 하루에 200~600km 속도로 이동하는데, 아열대와 중위도 사이에서 기압계가 정체하면 하루에 50km도 못 나가기도 한다. 미국 기상청 예측 센터의 데이비드 로스 박사는 허리케인(태풍의 일종)의 강수량 중 절반 정도가 적운형 강수라고 보고 있다(Roth, 2007). 기후학적으로 태풍에 의한 강수는 중심 부근에서 강도가 가장 강하고 주변으로 가면서 로그 스케일(log scale)로 강도가 급격히 떨어진다(Simpson and Riehl, 1981).

　태풍 중심 부근에서 적운형 강수 강도는 평균적으로 대략 시간당 10mm 정도고, 태풍 주변에서는 시간당 2mm 정도다. 태풍에 의한 적운형 강수량은 대체로 새벽에 가장 많고 저녁에 가장 적어지는 일변화를 보인다. 육지에서는 오후 늦게 2차 극점을 보인다는 보고도 있다(Jiang et al., 2011). 일변화를 보이는 강수량 비율은, 태풍의 발달 정도, 위치, 계절 등의 요인에 따라 달라지기는 하지만, 대략 태풍의 총강수량 중에서 작게는 20%에서 크게는 35%까지 차지한다는 것이다(Shu et al., 2013).

　태풍에서는 눈 주변 수십 km 바깥에 도넛 모양으로 주 강수대가 포진해있는데 이 강수 시스템은 태풍의 이동 속도와 같이 움직이므로 지속 시간도 태풍의 이동 속도에 좌우된다. 한편 그 바깥에는 나선형으로 2차 강수대가 비대칭적으로 분포하는데, 이것들은 주변 기류와 지형 조건에 따라 변동하므로 태풍의 이동 속도만으로는 지속 시간을 가늠하기 쉽지 않다. 일반적으로 나선형 강수대는 태풍의 중심축을 따라 이동해가면서도, 눈을 축으로 하여 시계 반대 방향으로 회전하므로, 2가지 이동 성분을 동시에 고려해서 지속 시간을 가늠해야 한다. 태풍이 육지에 상륙하기 전후에는 지형적 영향으로 눈의 우측 지역에 비대칭적으로 많은 강수가 내리는데 통상 12시간 이상 지속하기도 한다.

2. 초기 조건의 불확정성

태풍은 열대 해상을 주로 통과하기 때문에, 육상 위를 지나가는 온대 저기압보다 관측 자료가 절대적으로 부족하다. 온대 저기압이 통상 2,000~3,000km의 범위에 걸쳐 있다면, 태풍의 강풍과 에너지가 집중된 중심부는 지름 100km 내외로서, 공간 규모가 장마 전선 위의 중규모 저기압과 유사한 크기에 불과하다. 운동 규모가 작은 만큼 관측 오차는 크다.

모델은 기상위성 탐측 자료와 함께 태풍의 중심 위치와 중심 기압을 가지고 태풍의 3차원 바람 구조를 분석해내고, 이를 기반으로 미래의 예측 경로를 계산한다. 태풍의 풍속은 중심에서 멀어지면서 감소하지만, 감소폭은 중심에서부터 거리에 따라 달라진다. 모델에서는 1~2개의 강풍 반경 정보를 가지고 초기 시각의 태풍 강풍 분포를 재구성해낸다. 통상 태풍의 평균 풍속이 30m/s 되는 반경과 15m/s 되는 반경을 사용한다. 이렇게 재구성한 태풍의 수평 바람 구조는 실제 바람 구조와 차이가 클 수밖에 없다.

특히 발생 단계의 태풍, 또는 열대 저압부는 발달한 태풍에 비해 구조가 뚜렷하지 않고, 구름대도 조직화하여 있지 않다. 태풍이 중위도 기압골과 상호작용하면, 태풍의 중심에 대한 바람과 기온의 대칭 구조가 점차 허물어진다. 태풍이 육지에 상륙하면, 주 수증기 공급원이 차단되고 지면 마찰력이 작용하여, 세력이 급격하게 약화하고 구름 조직도 점차 와해한다. 하부 경계층의 연직 구조와 바람장의 패턴도 복잡하여 태풍의 분석 오차는 더욱 커질 수밖에 없다.

3. 주변 기압계와의 관계

초기장의 분석 오차는 모델의 계산 과정에서 빠르게 증폭한다. 필리핀 부근 해상에서 열대 저압부가 발생하면, 모델이 예측하는 수일 후의 기압계는 초기 조건의 시점에 따라 큰 폭으로 요동친다. 이 저압부가 태풍으로 발달하며 이동하는 경로도 모델마다 크게 달라진다. 태풍 진로뿐 아니라 주변 기압계도 영향을 받는다. 태풍이 아열대 해상을 지나가더라도 태풍의 크기, 강도, 이동 속도를 모델이 어떻게 모의하느냐에 따라서, 중위도에서 동진하는 기압골의 접근 시점이나 태풍 전면의 수렴대의 발생 시점이나 위치를 실제와 다르게 예측하기도 한다. 한여름 북태평양 고기압의 가장자리에 우리나라가 놓이게 되면 태풍의 동태에 따라 적운형 강수대의 남북 위치가 모델마다 들쑥날쑥하여 예측 불확실성이 고조된다.

태풍이 상층 골과 만나 온대 저기압으로 전환하게 되면 상층 강풍대의 영향으로 이동 속도가 빨라진다. 전환점을 전후로 태풍의 구조에 급격한 변화가 일어나고 이동 속도가 크게 달라지므로, 모델이 전환점을 모의하는 시점이 조금만 틀어져도 이후의 태풍 진로와 구조에 큰 예측 오차를 유발하게 된다. 통상 태풍이 일본 오키나와를 거쳐 한반도를 관통하는 데 3일도 채 걸리지 않는다. 태풍의 경로를 5일 이상 예측하려면 상륙 시점과 온대 저기압으로 전환하는 시점을 적절하게 예측해야 하는데, 전환 시점의 예측 여하에 따라 전체 태풍 예상 경로와 강도가 민감하게 좌우된다.

한편 태풍이 상층 기압골이나 중위도 전선대를 만나기 전까지는, 해상에서 북상하거나 내륙에 상륙하여 그 세력이 약화하더라도 열대 기단의 성질을 당분간 유지하게 된다. 야간에 하층 강풍대가 발달하면, 열대 기단이 갖는 불안정성 때문에 적운 활동이 일시적으로 강화되어 호우가 내리는 경우도 있다. 앞서 적운형 강수 예측에서도 모델이 갖는 여러 가지 문제점을 지적하였는데, 약화 단계의 태풍에서 비롯한 불안정성 호우도 마찬가지로 모델이 다루기 취약한 분야이다.

2장

핵심 인자와 예측 특성

PRECIPITATION FORECAST

1. 수증기량

　　　　　　　　　태풍은 그 자체로 거대한 적운형 강수 시스템이다. 하층에서 태풍 중심을 향한 기류를 따라 수증기가 모여서 눈 바로 바깥에 포진한 깊은 적운의 내부에서 상승하고, 상층에서는 태풍 중심 바깥으로 기류가 발산하여 외곽에서 하강하면 연직 순환 고리가 완결된다. 태풍은 중심부가 따뜻한 저기압 구조이기에 상층으로 갈수록 기압골이 약화하는 것이 특징이다. 시계 반대 방향으로 회전하는 바람의 풍속은 하층에서 가장 크다. 하층에서 나선형으로 중심부를 향해 휘몰아 빨려 들어오는 기류에 태풍의 이동 속도가 더해지면, 해면 위에서는 매우 강한 풍랑과 물보라가 일고, 작은 물거품은 포말이 되어 수증기나 작은 물방울의 형태로 구름 내부로 진입한다. 태풍은 통상 해수 온도가 27℃ 이상 되는 열대 해역에서 발생하며 아열대를 거쳐 중위도로 북상하게 되는데, 이동 경로 상에 따뜻한 해상을 지나오면서 거대한 소용돌이 속에 많은 수증기를 가두어 몰고 온다.

　　태풍에 유입하는 수증기량은 태풍의 직경, 중심 기압의 세기, 이동 경로와 밀접한 관련이 있다. 직경이 커지면 그만큼 넓은 해역에서 수증기가 모아들기 때문에 수증기원이 풍부해진다. 중심 기압이 낮아질수록 눈을 향해 모아드는 하층 기류가 거세지고, 더 많은 수증기가 바다에서 대기로 진입하게 된다. 태풍이 발달 단계에 있을 때는, 수증기량이 늘어나 적운 활동이 왕성해지고 중심 기압이 더욱 낮아지는 양의 순환 고리가 형성된다. 태풍이 고수온역을 경유하는 시간이 길어질수록 그만큼 태풍이 빨아들이는 절대 수증기량도 늘어난다. 이 3요소는 모델의 예측 계산 과정에서 상호 영향을 미친다. 태풍의 크기가 커지면 그만큼 주변 지향류나 중위도 전선대와 상호작용하는 접촉면이 넓어지므로, 기압계의 변동성이 커지고 태풍의 경로도 영향을 받게 된다. 경로가 달라지면 수증기량이 달라지고 태풍의 발달 속도도 달라진다.

위치 오차

모델에서 계산한 태풍의 경로는 적어도 +3일 앞까지는 비교적 신뢰도가 높기에, 모델에서 계산한 태풍의 수증기량도 이 기간에는 대체로 믿을 만하다. 주요 기상센터의 모델별로, 북대서양 태풍에 대한 경로 예측 오차는 Fig. 5.1에서 알 수 있듯이, 예측 기간에 따라 선형적으로 증가하여, +3일에는 200~250km 정도에 이르는 것으로 조사되었다(Majumdar and

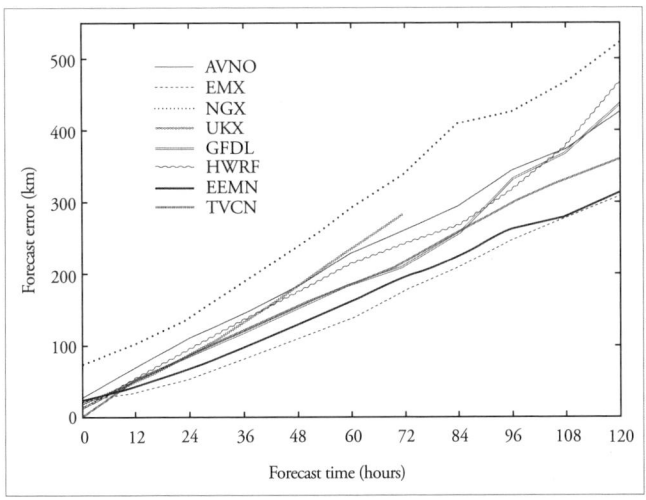

Fig. 5.1 예측 기간(forecast time, hr)에 따른 모델의 태풍 진로 예측 오차(forecast error). 북대서양 지역 159개 태풍 사례에 대한 오차 평균값을 주요 기상센터의 모델별로 km의 단위로 나타낸 것이다. 초기 시각(0 hr)의 예측 오차는 40km 내외로서, 태풍의 중심에 대한 위치 분석 오차이다. 예측 오차는 선형적으로 증가하여, +48시간 예측 오차는 100~200km, +120시간 예측 오차는 300~500km에 이른다. Majumdar and Finocchio(2010).

Finocchio, 2010). 북태평양 태풍의 경로 예측 오차 특성도 큰 틀에서는 북대서양 태풍과 별 차이가 없다고 본다.

강도 오차

한편 태풍의 강도 예측 오차는 예측 기간에 따라 경로 예측 오차보다 더욱 빠르게 증가한다. 미국 국립 허리케인 센터에서 조사한 바로는 Table 5.1에 제시한 바와 같이, 모델의 태풍 강도 오차가 풍속을 기준으로 19km/hr 이하일 확률은 +1일에는 55~65%이다. 그런데 이 값은 +3일 강도 예측 오차가 37km/hr 이하일 확률과 유사하다. 약한 태풍의 최대 풍속이 60km/hr에 불과하므로, +3일 강도 예측 오차는 풍속 절대 수치의 50%가 넘는 큰 값에 해당한다. 북태평양 태풍의 예측 오차 특성도 큰 틀에서는 북대서양 태풍과 별 차이가 없다. 태풍의 강도가 달라지면 수증기 유입량과 상승 기류가 달라지고, 강수 효율과 지속 시간도 영향을 받는다. 그래서 모델에서 모의한 태풍 주변의 강수대 규모는 실황과 비교하면서 상당한 보정이 필요하다. 한편 예측 기간이 길어지면서 경로 오차도 커질 뿐 아

예측 기간(일) \ 강도 오차(km/hr)	< 19	< 37	< 56	< 74
+1	55~65%	80~90%	95%	98%
+3	27~42%	57~68%	77~83%	89~92%
+5	25~40%	53~62%	75~83%	87~89%

Table 5.1 모델의 태풍 강도 예측 오차(forecast error)의 누적 확률 분포(cumulative percentage, %). 미국 국립 허리케인 센터가(NOAA NHC) 2005~2009년 동안 북대서양 허리케인(태풍의 일종)에 대한 자사 모델의 예측 오차를 +1일(24h)부터 5일(120h)까지 예측 기간별로 풍속의 단위(km/hr)로 집계한 것이다. 강도 오차는 예측 기간이 늘어날수록 빠르게 증가하여, +3일 이후에는 예보로서 가치가 낮다. 누적 확률은 해당하는 풍속 범위 내에 강도 오차가 존재할 확률을 의미한다. 예를 들면, +3일 강도 예측 오차가 37km/hr 이하일 확률은 57~68%다. (출처: http://www.nhc.noaa.gov/verification/verify4.shtml.)

니라, 기압계 예측 오차도 커지므로, 수증기장과 상승 기류의 예측 오차도 덩달아 커질 수밖에 없다. 따라서 모델이 예측한 +3일 이후의 강수량은 더욱 비판적인 시선으로 바라보아야 한다.

    태풍이 북상하는 길목에서 기상위성의 마이크로파 채널 영상이나 인근 지역의 강수 관측 자료를 미리 확보할 수 있다면, 태풍의 예측 강수량과 비교하여 이를 보정하는 기준으로 삼을 수 있다. 우리나라로 태풍이 접근하기 수일 전에 오키나와, 괌, 또는 대만 부근을 거쳐 올 때가 있는데, 이때는 주변의 지상 관측 자료나 기상레이더 탐측 자료를 구할 수 있어, 태풍의 강도를 보정하는 데 도움이 된다.

    한편 태풍이 중국에 상륙하면 수증기 공급이 차단되고 마찰력이 가세하여 태풍이 빠르게 약화한다. 태풍이 몰고 온 온습한 기단과 북쪽의 찬 기단이 만나게 되면, 그 경계면에서 전선이 강화되고 기압골이 발달한다. 편서풍을 타고 기압골이 우리나라로 접근하면, 당초 태풍이 몰고 온 수증기가 함께 국내로 진입하게 되어, 많은 비가 내린다. 모델에서는 기상위성에서 탐측한 정보와 함께 육상에 분포한 라디오존데 고층 관측 자료를 활용하여, 실제에 근사한 수증기 분포를 분석해낸다. 물론 태풍이 약화하면 대규모 구름 조직이 와해하고, 여기에 국지적인 힘이 가세하면 기압계가 복잡해져 분석에 어려움을 가중하는 요인이 된다. 그렇더라도 태풍이 아열대 해상에 머무를 때보다는 중국 내륙에 위치할 때, 수증기장 분석에 가용한 관측 자료가 증가하여, 모델의 강수 예측 성능도 대체로 높아진다. 물론 이 경우에도 3부에서 살펴보았듯이 온대 저기압의 강수량 예측에 대한 모델의 취약점은 여전히 통용된다 하겠다.

2. 상승 기류

태풍의 눈 주변에 형성된 동심원 모양의 깊은 적운 기둥에서는 잠열이 방출하면서 강한 상승 기류가 유도되고, 이것이 상층에서 외곽으로 뻗어 나간 후 하강하여 하층에서 다시 중심을 향해 더 많은 온습한 수증기를 빨아들이는 자가발전 구조를 갖는다. 바다에서 유입한 수증기가 태풍의 주 연료이기 때문에, 태풍이 열대 해상을 계속 이동해 갈 때는 적운 대류에 의한 상승 기류도 강하게 유지된다. 반면, 태풍이 중위도로 북상하여 주변 해수 온도가 낮아진다면, 해수에서 유입하는 수증기량도 줄어들 뿐 아니라 연직 불안정도 약화하여 적운 대류에 의한 상승 기류가 약해진다. 태풍의 기압이 주변보다 낮아 차가운 해수가 용승하며 해수면 온도를 낮추는 것도 상승 기류를 약화하는 또 다른 요인이다.

태풍에 대규모 강제력이 작용하면 적운 대류에 의한 상승 기류가 강화되어 태풍이 더욱 발달하거나, 아니면 상승 운동이 가로막혀 태풍이 쇠퇴하는 요인이 된다. 상층에 발산역이 존재하면 그 하부에 상승 기류가 유도되어 태풍은 빠르게 발달한다. 열대 해상의 상층부에 흔히 나타나는 기압골(TUTT) 부근에서는 기압골을 벗어나는 강한 바람으로 인해 발산역이 형성되고, 그 하부에서는 상승 기류가 유도되어 적운이 발달하기 유리하다 (Fitzpatrick et al. 1995). 기상위성 영상에서는 발달하는 태풍의 중심에서 외곽으로 뻗어 나온 적운의 다발이 상층 발산 기류를 따라 길게 이어지는 모습을 띤다.

한편 태풍이 상륙 단계에 돌입하면, 지면의 마찰력이 수렴 기류를 유도하며 적운 활동이 활발해진다. 통상 상륙 지점에서 이동 경로 우측으로

50~100km 범위에 걸쳐 강수량이 늘어나는 경향을 보인다(Goodyear, 1968). 바다에서 유입하는 온습한 기류에 지형적 효과가 가세한 탓이다. 한편 태풍이 육지에 상륙하기 전이라도 중심 외곽의 강풍이 고지대 사면에 부딪히면 상승 기류가 유도된다. 태풍이 몰고 온 기단은 매우 온습한 성질을 갖고 있어, 고지대 주변의 기단보다 가벼울 뿐 아니라, 바람도 매우 강하기 때문에, 손쉽게 산맥을 활승하여 넘을 수 있다.

일반적으로 상층 발산역이나 지형 효과로 인해서 태풍 주변의 상승 기류가 강화되거나 약화하는 과정은, 상당 부분 대규모 운동계와 관련되어 있어서, 모델의 계산 과정에 어느 정도 반영되어 있다. 하지만 태풍 중심의 강한 적운 띠가 주변 환경과 상호작용하는 과정에서 비롯한 상승 기류의 변화는 미세 물리 과정과 밀접하게 결부되어 있어서 모델이 모의하는 데 불확실성이 높은 편이다.

3. 강수 효율

태풍의 이동을 좌우하는 지향류의 연직 시어 성분이 크면 적운의 발달을 방해하여 태풍의 강도를 약화하는 요인이 된다. 제4장에서 살펴본 적운형 강수 효율에 대한 원칙이 여기서도 그대로 적용된다. 상층의 강한 바람 바로 아래 태풍의 눈이 위치한다면, 연직 시어의 작용으로 태풍 중심 외벽의 적운 기둥이 연직으로 바로 서지 못해 구름 발달이 저해된다. 특히 태풍이 육지에 상륙하면 하층에서는 마찰 효과로 바람이 약해지면서 상·하층 간 연직 시어가 커지므로 적운형 강수 효율도 더욱 떨어진다. 다만 연직 시어가 약할 때는 상층 기류가 중심부의 따뜻한 공기를 밀어내 오히려 연직적으로 대기가 더 불안정해지고 적운 발달이 촉진된다는 이론도 있다(Thatcher and Pu, 2011).

태풍이 매우 느리게 이동하면 중심 부근에 강수 구역이 몰려있지만, 연직 시어가 지나치게 커지면 주 강수 구역은 태풍 중심에서 전방을 향해 빗겨나게 된다(Roth, 2007). 흔히 연직 시어 벡터의 전방 좌측에 강한 비가 관측된다. 연직 시어의 전방에서는 태풍의 회전 바람이 상층 지향류를 타고 이류 되면서 중층에 상승 기류가 유도되는데, 전방 우측에서 형성된 강수대가 태풍의 회전 바람을 타고 전방 좌측으로 이동하는 효과가 가세한다는 것이다(Wingo and Cecil, 2010; Cecil and Marchok, 2014).

한편 강한 태풍에서는 때로 태풍의 눈 주변의 깊은 적운 띠가 하층 수렴 기류를 따라 수축하며 그 바깥에 새로운 적운 띠가 형성되기도 한다. 바깥쪽의 2차 적운 띠가 다시 수축하며 본래의 적운 띠를 교체하는 과정에서, 외형적으로는 태풍의 눈이 확대되었다가 수축하기를 반복하는, 소위 '눈 외벽 교체 주기 현상(eyewell replacement cycle)'을 보인다. 우리나라에서는 2013년 여름 서해 상으로 북상한 태풍 볼라벤에서 이러한 2차 눈 형성 과정이 기상위성 영상을 통해 관측된 바 있다. 일변화에 따라 강수량도 달라진다. 눈 외벽의 적운형 강수량은 통상 새벽에 최대가 되고 오후에 최소가 된다. 일변화 경향은 태풍 외부로 점차 옮겨가고, 태풍 외곽의 층운형 강수량은 오전이나 낮에 최댓값을 갖는 경향이 있다(Roth, 2007; Wu et al., 2014).

태풍이 중위도로 북상하게 되면, 이동 경로에 따라 강수 분포가 달라진다. 아열대 고압부를 뚫고 북상하며 북동쪽으로 전향하는 태풍은, 경로 상

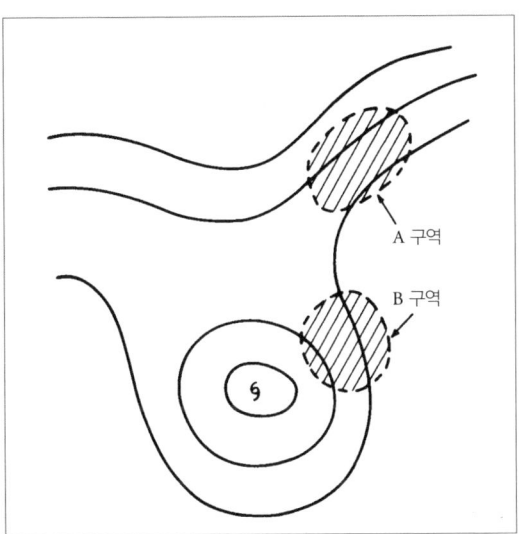

Fig. 5.2 태풍과 중위도 기압골의 상호작용 모식도. 실선은 중층 기압 등치선. 빗금 구역은 태풍의 영향으로 강수량이 많이 관측된 곳이다. 태풍의 중심 (나선형 기호) 우측에는 적운에 의한 주 강수대(B구역)가 포진하고, 기압골 우측의 강풍대와 태풍의 외곽 기류가 수렴하는 곳에 흔히 이차 강수대(A구역)가 형성된다. 이차 강수는 통상 태풍이 접근하기 1~3일 전부터 시작되어 12시간 이상 지속한다 (Bosart and Carr, 1978; Bosart and Dean, 1991, Fig. 2).

의 우측에 주강수가 포진하는 경우가 많다. 반면 중위도 상층 기압골을 만나 전향하는 경우에는 이동 경로 상의 좌측에 주 강수대가 포진하고, 상층 강풍대와 상호작용하며 상층 기압골의 전면을 따라 강수대가 확장하는 경향이 있다(Cordero, 2014).

태풍의 강수 효율은 대규모 환경과 적운 대류 활동으로 민감하게 변동한다. 하지만 실무적인 관점에서 보면 모델의 강수량을 보정하는 데 있어서 강수 효율을 따지기는 쉽지 않기 때문에, 상승 기류와 수증기량에 대한 심층 분석을 통해 모델 강수량을 부분적으로 보정하는 데 그치는 것이 현실이다.

4. 지속 시간

일반적으로 태풍의 반경이 커질수록 태풍이 어느 지역을 통과하는 데 그만큼 오랜 시간이 걸리기 때문에, 강수 지속 시간도 늘어난다. 또한 태풍이 천천히 이동할수록 강수 지속 시간이 늘어난다. 태풍의 중심 외벽에는 도넛 모양의 깊은 적운 강수 띠가 자리 잡는다. 강한 태풍은 도넛 강수 띠 바깥에 또 다른 도넛 강수 띠가 겹으로 나타나기도 한다. 강한 태풍이 육지에 상륙할 때, 강수 지속 시간의 상한은 대략 최외곽 도넛 강수 띠의 직경을 태풍의 이동 속도로 나누어 보면 알기 쉽다. 미국에서 오래전부터 예보 실무에 사용해온 크래프트(Kraft) 공식, 즉, 총 강수량(inch)은 태풍 이동 속도(Knot)를 100으로 나눈 값으로 예상하는 단순한 기법도 같은 원리에 따른 것이다(Roth, 2007). 일반적인 경로를 따르는 태풍에 대해서는 모델의 경로 예측 정확도가 상당히 높으므로, 모델이 제시하는 태풍 강수 띠의 지속 시간을 참고하는 것이 도움된다. 하지만 태풍이 이례적인 경로를 보인다면, 모델의 경로와 강수 지속 시간의 예측 오차도 커지기 때문에 불확실성을 크게 잡고 상황의 변화에 대응해야 한다.

태풍의 영향 범위는 통상 수천 km 이상으로 넓으므로, 태풍이 육상에 상륙하기 전이라도, 태풍 주변의 강풍이 고지대 사면에 부딪히면 지형적으로 상승 기류가 유도되면서 강수가 내린다. 이르면 태풍이 상륙하기 하루 이틀 전부터 강수가 시작되어 태풍의 중심이 사면을 통과할 때까지 지속한다. 지형성 강수 강도는 통상 태풍이 육상에 상륙하기 전후 6시간이 대체로 높다. 상륙 지점의 좌측보다는 우측에 더 많은 지형성 강수가 내린다. 태풍의 위치와 이동 속도에 따라 지형 사면에 유도되는 상승 기류가 좌우되고, 지형 주변의 대기 안정도 구조에 따라 산악을 넘는 바람 성분의 크기가 달라진다. 모델의 태풍 강도 오차, 경로 오차, 지형 주변의 대기 안정도에 대한 모델의 예측 오차가 서로 얽혀 지형성 강수의 시작 시점과 지속 시간에 대한 예측 오차는 적지 않다.

태풍이 중위도로 북상한 후 본격적으로 중위도 기압골과 상호작용하게 되면 태풍 중심의 도넛 강수 띠의 이동 방향 전방에는 Fig. 5.2와 같이 북동쪽으로 길게 전선형 강수대가 포진하게 된다(Bosart and Dean, 1991). 상층골, 강풍대, 경압성이 강한 중위도 시스템과 태풍이 상호작용하게 되면, 태풍 진행 방향의 좌측에 전선성 강수대가 포진하는 경향을 보인다. 하지만 중위도 시스템과 상호 작용력이 떨어지면 태풍 진행 방향의 우측에 주 강수대가 나타난다. 이때는 전선을 동반하지도 않고, 강수 강도도 약한 것

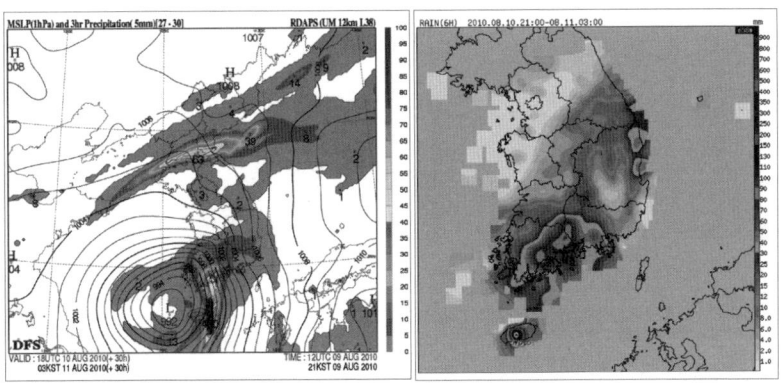

Fig. 5.3 우리나라로 접근하는 태풍에 대한 (좌) 모델(UM)의 예측 강수량과 (우) 검증 지상 관측 강수량. 해면 기압 등치선 위의 채색 구역은 등급별 누적 강수량이다. 단위는 mm. 좌측 그림에서 모델의 수평 해상도는 12km이고, 연직 층수는 38개다. 초기 조건의 시점은 2010년 8월 9일 21시. 누적 강수 예측 기간은 8월 11일 00시부터 03시까지다. 우측 그림에서 누적 강수량의 자료 시간은 8월 10일 21시부터 다음날 03시까지다. 관측 강수량 분포도에서 주 강수는 남풍을 맞는 호남 남해안과 동풍을 맞는 경남 해안에 몰려있다. 반면 모델에서는 태풍이 접근하는 경로와 구조가 실제와 달라짐에 따라, 동해안의 지형성 강수는 과소 모의하고, 대신 북한 지역에서는 중위도 기압골과 상호작용하는 강수대를 과대 모의하고 있다 (Lee(2011)의 Fig. 10.1.4). (출처: 기상청)

으로 조사된 바 있다(Atallah et al., 2007). 전선형 강수대의 이동 속도와 지속 시간은 상층골과 태풍의 상대적 위치와 상호 작용력의 정도에 따라 달라진다. 일례로 Fig. 5.3에서는 우리나라로 접근하는 태풍이 중위도 기압골과 상호작용하는 과정에서, 모델은 북한 지역의 전선성 강수는 과대 모의한 반면, 동해안 지역의 지형성 강수는 과소 모의하였다. 모델은 태풍과 중위도 기압골의 상호작용 과정을 어느 정도 모의할 수 있지만, 전선성 강수대의 위치와 발달 시점은 태풍의 강도와 크기에 따라 민감하게 영향을 받으므로, 기상위성 영상을 보면서 전선성 강수대의 범위, 이동 속도, 영향받는 기간을 보정하는 것이 바람직하다.

6부

지형 효과

1장

모델 예측 특성

PRECIPITATION FORECAST

1. 핵심 인자와의 관계

강수를 비롯한 날씨 요소는 지형에 따라 차이가 심하다. 강수에 관여하는 핵심 인자도 마찬가지다.

첫째, 수증기 유입량은 대규모 기압계에 따른 기류의 흐름에 일차적으로 좌우된다. 애팔래치안 산맥, 안데스 산맥처럼 남북으로 길게 이어지거나 히말라야 산맥처럼 광활한 지형은 대규모 기류의 흐름과 수증기 통로를 바꾸어 놓기도 한다. 하지만 산악 지형은 그 자체로는 수증기 원천이 될 수 없고, 대신 증발에 따른 수증기 소산에 관여하게 된다. 따라서 산악 지형이 수증기량에 미치는 영향은 이차적인 것으로 간주해도 무방하다. 물론 거대한 호수는 국지적으로 수증기 공급원이 되어, 주변 지역의 강수나 안개 현상에 영향을 미치기도 한다.

둘째, 강수 효율은 미세 물리 과정에 의해 주로 좌우되므로, 국지적인 지형의 특성에 따라 영향을 받을 수 있다. 하지만 이 방면의 실용적 연구는 많이 알려지지 않았다. 또한 대규모 기압계에 덧붙여 지형 효과까지 고려해야 한다면, 강수 효율을 보정하는 문제가 지나치게 복잡해져 실무적으로 감당하기 어렵다.

셋째, 기류 패턴에 따라서는 지형적 영향으로 강수 시점이 당겨지거나 늘어지기도 한다. 이 점에 대해서는 나중에 기압계 패턴별로 지형 효과를 다룰 때 좀 더 부연하기로 한다.

넷째, 이제 남은 것은 상승 기류다. 다른 핵심 인자를 고정해 놓고, 지형 효과를 고려하여 상승 기류를 보정한 다음, 식 (9)와 (10)에 대입하여 모델의 지형성 강수를 보정할 수 있다. 실무적 관점에서 본다면, 지형이 상승 기류와 강수 지속 시간에 미치는 영향에 주목하는 것이 현실적이다.

2. 사면 강제 상승

기류가 사면에 부딪히면 상승 기류가 유도된다. 이 때 바람의 방향과 속도, 사면의 기울기, 대기 안정도에 따라 상승 기류의 세기가 달라진다.

첫째, 사면에 직각인 바람 성분의 풍속에 비례하여 상승 기류도 강해진다. 둘째, 사면이 가파를수록 상승 기류도 강해진다. 셋째, 대기가 안정할수록 상승에 따른 저항이 커져, 상승 기류는 약해진다.

안정한 성층에서는 기류가 산지를 넘기 어렵다. 기류가 산지에 접근하면 마찰 효과 때문에 속도가 느려진다. 기압 경도력과 지구의 자전 효과 사이에 힘의 균형이 깨지면서, 북반구에서 기류는 산맥을 바라볼 때 왼편으로 구부러진다. 산 사면을 따라 느리게 상승하는 공기는 팽창하며 냉각되기 때문에 점차 차가워진다. 찬 공기로 인해 산 아래 국지 고기압이 강화되며, 기류는 산맥을 오른편에 두고 산맥에 나란하게 흐르게 된다. 동풍이 남북으로 기다란 산맥을 향해 불게 되면, 기류는 점차 남쪽을 향하고 북쪽의 한기를 끌어당겨, 산 아래 기류는 더욱 차가워진다.

차가운 공기가 산 아래 쌓이며 대기가 안정해지면, 산지에 접근하는 기류는 상승하는 데 더 많은 힘이 든다. 대기 안정도와 냉각 과정이 서로 상승 작용하며, 산 아래 공기는 더욱 지체되며 차가워지게 된다. '찬 공기가 산 아래 깔리는 현상(cold air damming)'이 두드러지고, 이 때문에 성층은 더욱 안정해지는 방향으로 환류 고리가 고착된다. 안정한 성층에서 기류가 고립된 지형지물을 만나면, 기류는 양방향으로 지형지물을 돌아간다. 기류가 갈라지는 곳에서는 하강 기류가 유도되고, 갈라진 기류가 다시 합류하는 지점에서는 기류가 수렴하여 상승하게 된다.

대기가 불안정하거나 풍속이 강해 산비탈을 넘어 계곡에 들어서면, 기류가 하강하게 된다. 하강하는 공기는 압축되며 기온이 상승하여, 습도가 하강하고 건조해진다. 자연히 강수는 억제된다. 하지만 산지를 넘는 기층이 불안정하고 수증기를 충분히 함유한다면, 정상을 넘어 반대편 기슭에도 상당한 강수량을 보이기도 한다. 더구나 눈은 바람에 날려가기 때문에 산 정상을 넘어 먼 곳까지 적설이 쌓이기도 한다.

3. 해상도와 오차 보정

모델의 지형은 해상도에 따라서 실제 지형과 차이를 보인다. 해상도가 떨어질수록 모델의 사면 기울기가 실제보다 작아져서, 상승 기류를 실제보다 약하게 모의한다. 동일한 바람의 세기라도 모델의 해상도가 낮아지면 상승 기류를 과소 모의하게 되고, 모델이 예측한 지형성 강수량도 실제보다 적어지는 경향이 있다(MetED, 2002b). 일례로, Fig. 6.1에서 태풍이 우리나라로 접근할 때, 모델의 수평 해상도가 높아지면서 지형성 강수량도 큰 폭으로 증가하였다. 태풍이 남해안에 접근하기 전에는 동풍을 맞는 태백산맥 사면에서 지형성 강수가 늘어나고, 태풍이 남해안에 더욱 근접했을 때는 남해안, 지리산, 소백산맥 사면에서 각각 지형성 강수가 증가하였다.

일반적인 조건이라면 모델의 해상도가 낮을수록 모델의 지형성 강수량은 보다 큰 폭으로 늘려 보정해주어야 한다. 이점에 착안하여 평소 모델의 체계적 강수량 편차(bias)를 숙지할 필요가 있다. 모델의 해상도가 수 km 이상이라면, 통상적으로 모델은 강수량을 과소 예측하는 경향이 있다. 반면 계곡에서는 실제 지형보다 굴곡이 완만하여 산풍에 의한 건조 효과를 과소 모의하여, 강수량을 실제보다 과대 예측하는 경향을 보이기도 한다(NCEP, 2017).

모델의 연직 해상도가 떨어지면, 경계층의 연직 구조가 단순하게 표현된다(UKMet, 2012). 경계층의 고도를 비롯하여 경계층 내부의 대기 안정도도 실제와 차이가 벌어진다. 따라서 모델의 산악 대기에서 바람에 의해 기

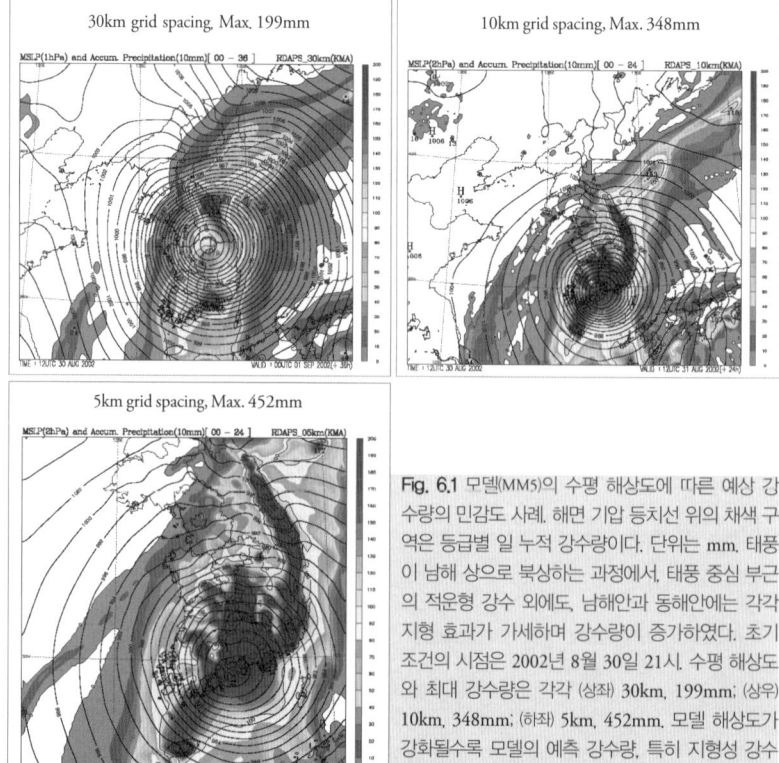

Fig. 6.1 모델(MM5)의 수평 해상도에 따른 예상 강수량의 민감도 사례. 해면 기압 등치선 위의 채색 구역은 등급별 일 누적 강수량이다. 단위는 mm. 태풍이 남해 상으로 북상하는 과정에서, 태풍 중심 부근의 적운형 강수 외에도, 남해안과 동해안에는 각각 지형 효과가 가세하며 강수량이 증가하였다. 초기 조건의 시점은 2002년 8월 30일 21시. 수평 해상도와 최대 강수량은 각각 (상좌) 30km, 199mm; (상우) 10km, 348mm; (하좌) 5km, 452mm. 모델 해상도가 강화될수록 모델의 예측 강수량, 특히 지형성 강수량이 증가하였다(Lee(2011)의 Fig. 10.3.1). (출처: 기상청)

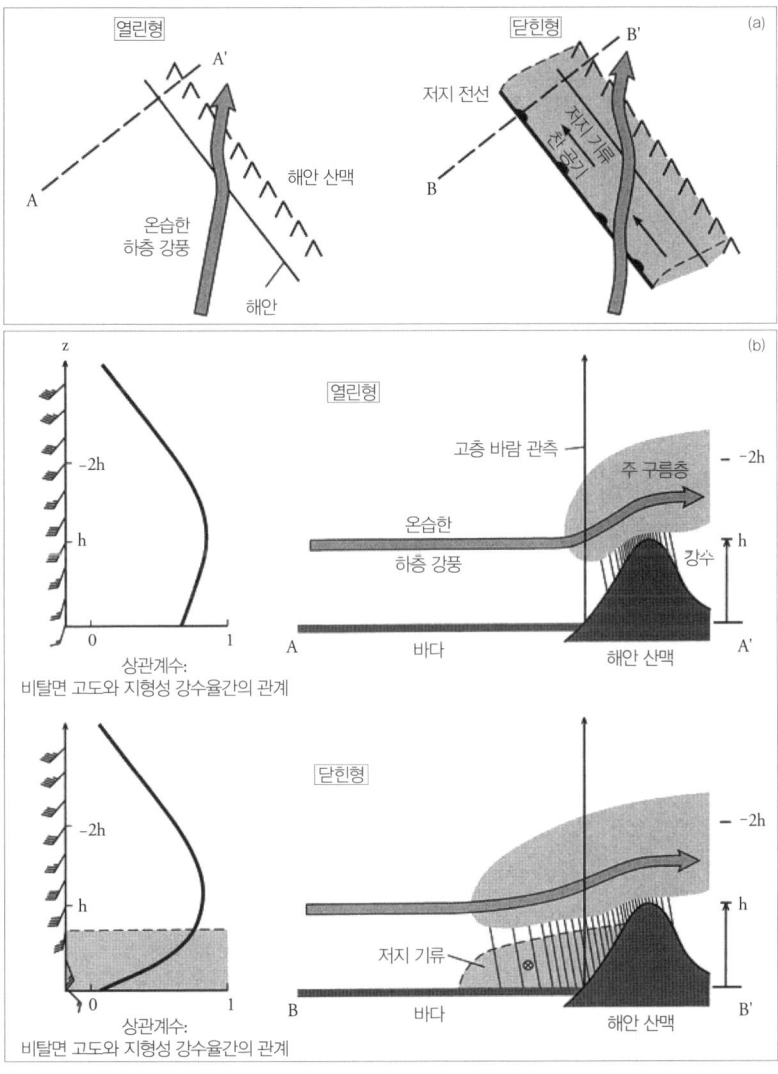

Fig. 6.2 산악이 강수에 미치는 영향. (a) 바람이 자연스럽게 산을 넘는 열린형(unblocked)과 산에 가로막혀 찬 공기가 하부에 깔리는 닫힌형(blocked)에 대한 개념도. 열린형에서는 두터운 화살표 방향으로 온습한 하층 강풍(warm, moist low-level jet)이 해안 산맥을 넘는다. 닫힌형에서는 하층에 찬 공기가 쌓이면서 산맥에 나란하게 저지 기류(cool, blocking flow, 가느다란 화살표)가 흐른다. 산맥 전면에는 찬 공기가 온습한 바람과 대치하며 저지 전선(blocking front, 반원으로 이어진 실선)을 형성한다. (b) 열린형에서는 A-A′ 선상의 연직 단면도에서 하층 강풍이 높이가 h인 산맥을 넘으며 산맥 주변에 구름층(feeder cloud)을 형성한다. 강수는 주로 바람을 맞는 산기슭에 내린다. 산맥 초입에서 관측한 연직 바람(wind profiler)이 좌측에 깃털로 나타나있다. 비탈면 고도(coastal upslope)와 강수율(mtn rain rate) 간의 상관관계(correlation)가 높아 바람이 산기슭을 오르면서 강

수가 점차 증가하는 경향을 보인다. 닫힌형에서는 B-B' 선상의 연직 단면도에서 하층 강풍이 하부에 차 있는 찬 공기 때문에 쉽게 활승하지 못하고 산맥 전면에서 저지 기류(blocked flow, 지면으로 들어가는 화살표 방향)가 형성된다. 대신 산에 접근하기 전부터 찬 공기 위를 오르면서 강수가 일찍 시작하고 강수 지역도 널리 분포한다. 비탈면 고도와 강수율(rain rate) 간의 상관관계가 고르지 않다. 다시 말해 비탈면의 고도가 높아진다고 해서 강수량이 상응해서 증가하지 않는다는 것이다. 다만 산 정상 부근에서만 어느 정도 상관을 보인다. (Neiman et al. (2002)의 Fig. 19)

류가 산맥 위를 넘을 것인지 아니면 측면으로 돌아갈는지를 진단하거나 예측하는 데 상당한 불확실성이 따른다. 대기가 안정하고 바람도 약해 찬 공기가 하부에 깔리면 산을 넘지 못하고 지형성 상승 기류도 약해 강수는 주로 산 아래 해안 지역에 국한된다. 반면 기류가 산맥을 넘게 되면 산 정상까지 강수 범위가 확대되고 바람이 강하면 반대쪽 기슭까지 강수가 내리기도 한다.

편의상 하층 기류가 산맥을 손쉽게 넘는 경우를 열린형(unblocked)이라고 정의하자. 또한 하층 기류가 산맥을 넘지 못하는 경우를 닫힌형(blocked)이라고 정의하자. 대기 안정도와 풍속에 따라 열린형이 되기도 하고 닫힌형이 되기도 한다. 프라우드 수(Froude number)는 풍속을 대기 안정도로 나눈 값으로, 양자를 분류하는 기준이 된다. 프라우드 수가 1보다 커지면 대기가 안정하더라도 바람이 강해 산위를 넘게 되어 열린형에 가까워진다. 반면 프라우드 수가 1보다 작아지면 대기가 매우 안정하거나 바람이 매우 약해 닫힌형에 가까워진다. 열린형에서는 모델보다 강수량을 상향 조정해야 하고, 닫힌형에서는 모델보다 강수량을 하향 조정해야 한다.

4. 차등 가열

국지적으로 차등 가열되면 연직 순환 운동이 일어난다. 따뜻한 쪽에서는 기류가 상승하고 차가운 쪽에서는 기류가 하강한다. 내륙 산지에서 낮에는 산정이 먼저 가열되어 계곡에서 산정을 향해 바람이 분다. 밤에는 산정이 먼저 냉각하여 산정에서 계곡을 향해 하강하는 바람이 분다. 해안가에서 낮에는 열용량이 적은 육지가 먼저 가열되어 기류가 상승하고, 밤이 되면 거꾸로 열용량이 큰 바다가 천천히 식으면서 기류가 상승한다. 해륙풍이 강할 때는 국지적으로 전선대가 형성되고 그 선단에서는 강한 상승 기류가 유도된다. 한편 해륙의 경계 지역에서는 마찰력의 차이 때문에 기류가 수렴하거나 발산하게 된다.

바람을 맞는 해안은 해수와 기온이 비슷하기에, 열용량이 적은 육지보다 더디게 계절 변화가 진행한다. 가을과 겨울에는 해수 온도가 높아 해안이 내륙보다 소낙성 강수 가능성이 크고, 대신 봄과 여름에는 해수 온도가 낮아 내륙이 해안보다 소낙성 강수 가능성이 크다(UKMet, 2011). 바다와 육지는 기후 조건이 다르고, 모델에서도 이러한 차이가 제대로 반영되어야 한다. 하지만 모델의 수평 해상도가 낮아지면 육지와 바다의 경계선의 요철이 실제보다 단순하게 표현되므로, 해안선 부근에서는 모델 격자점의 지면 특성이 실제와 다르게 표현되기도 한다. 모델에서 육지로 분류된 격자점이 실제로는 바다 위에 놓이기도 하고, 반대로 바다로 분류된 격자점이 실제로는 육지에 놓인 경우도 있다. 격자점 간 간격이 줄어들면 해상도에 따른 대표성의 문제를 어느 정도 해소할 수 있을 것이다. 산간 지대에서 일어나는 산풍과 곡풍도 유사한 문제를 안고 있다. 야간에 복사 냉각에 따른 산풍을 제대로 모의하기 위해서는 모델의 단위 격자점 간격이 300m 이하로 촘촘해야만 한다. 하지만 계산량이 천문학적으로 불어나 고성능 슈퍼컴퓨터로도 소화해내기 어렵다(MetED, 2010).

한편 도심에서는 열섬 효과로 인해 기온이 높아 주변보다 대기가 불안정하고, 먼지를 비롯한 강우 씨앗이 많으므로 주변보다 강수량이 늘어난다. 모델에서는 일반적으로 도심의 국지적인 특성을 반영하기 어렵기에, 도심 지역에서 모델의 예측 강수량을 상향 조정할 필요가 있다. 특히 도심에서부터 바람이 불어나가는 외곽 지역에서는 도심을 통과한 비구름이 지나가는 길목이 되어 모델의 예측 강수량 보다 늘려 잡아야 한다(UKMet, 2011).

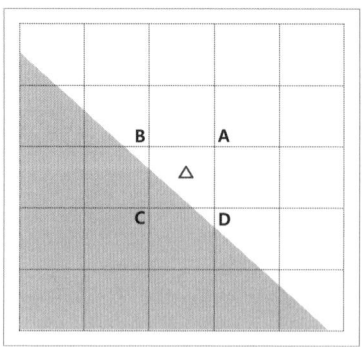

Fig. 6.3 지형과 모델 해상도의 한계. 채색 구역이 바다라면, 삼각형 지점은 육지에 놓여있다. 주변의 모델 격자점 중에서 A, B, D는 각각 육지에 놓여있고, C는 바다에 놓여있다. 삼각형 지점은 격자점 위에 놓여있지 않기 때문에, 주변 4개 격자점의 강수량을 산술 평균하여 삼각형 지점의 강수량을 추정하게 된다. 삼각형 지점은 육지에 놓여있음에도 불구하고, 바다 위에 놓인 C의 영향을 부분적으로 받게 된다. 이러한 오류는 모델의 해상도가 지형의 경계를 자세하게 표현하지 못한 데서 비롯된다. 같은 맥락에서, 채색 구역이 산악 지대라면 삼각형 지점의 강수량은 평지에 놓여있음에도 불구하고, 산악의 영향을 잘못 반영하게 된다.

2장

기압계 패턴

1. 온대 저기압

온대 저기압의 모양, 강도, 경로에 따라 지형에 부딪히는 바람의 각도, 세기, 지속 시간이 달라진다. 이에 따라 지형성 강수 특성도 달라진다. 모델도 지형성 강수를 모의하기는 하지만, 예측성이 문제다. 강수량이 다른 기상 변수보다 예측성이 떨어진다는 점을 고려하면, 모델이 예측한 온대 저기압의 경로와 중심 기압을 먼저 살펴볼 필요가 있다. 모델에서 모의한 온대 저기압 경로를 보정하면, 순차적으로 지형에 의해 유도되는 연직 상승류를 보정하고 그다음으로 지형성 강수량을 보정하면 된다. 모델은 저기압에 동반된 강수에 지형 효과를 합한 강수량을 예상하므로, 이 중에서 어느 정도가 지형 효과에 의한 것인지를 구분하기 쉽지 않다. 다만 모델의 강수 분포가 뚜렷하게 지형적 특징과 합치하는 경우는 예외적으로 모델의 강수가 대부분 지형 효과에 의한 것으로 판독할 수 있다.

2. 열린형과 닫힌형

전 시간 일기 흐름을 파악하여 지형 효과와 관련한 2가지 패턴, 열린형과 닫힌형중 어느 패턴에 가까운지를 선택해야 한다. 대상 지형 위의 프라우드 수를 추정하고, Fig. 6.2에 제시한 바와 같이, 찬 공기가 산 아래 깔리는 현상이 가능한 것인지 먼저 따져보아야 한다. 산맥 위를 난기가 점유하고 있거나, 북서쪽이나 북동쪽에서 차가운 바람이 산맥으로 유입하면 대기는 안정해진다. 대기가 안정하고 바람이 약하면, 찬 공기가 산 아래 깔리는 현상이 두드러지고 대기 조건은 닫힌형에 가까워진다. 온대 저기압에 동반한 한랭 전선이 북서쪽에서 내륙 산지로 접근할 때도 이 패턴에 해당한다. 찬 공기가 하부에 깔리게 되면 대기 흐름이 저지되어 전선의 이동 속도가 느려지고 강수 현상도 약화하는 요인이 되기도 한다(Houze, 2012). 반면 산맥 위에 한기가 들어차 있거나, 남동쪽 해상에서 따뜻한 바람이 산맥으로 유입하면 대기는 불안정해지고, 기류가 산지를 넘어갈 수 있어서 대기 조건은 열린형으로 기울어진다.

모델보다 실제 대기가 더 안정할 것으로 판단되거나 사면을 향한 바람이 약할 것으로 판단되면, 모델의 강수 분포에서 산지 쪽 강수량을 덜어내고 평지에만 국한하도록 강수 범위를 조정하고 양도 줄일 필요가 있다. 찬 공기가 산 아래 깔리게 되면, 이곳으로 유입하는 공기가 산지에 접근하기 전부터 약하게 상승하며 강수는 시작하지만, 산지에 근접하더라도 대기가 안정하여 기류가 산을 넘기 어려워 강수가 이내 약해지기 때문이다(Houze, 2012). 반대로 모델보다 실제 대기가 더 불안정하거나 사면으로 부는 바람이 강할 것으로 판단되면, 산지와 바람이 불어가는 쪽으로 강수 범위를 확대하고 강수량도 늘려 잡을 필요가 있다(Neiman et al., 2008).

태백산맥이 가까운 동해안에서 한기가 산 아래 깔리게 되면, 동풍이 불더라도 강수 범위가 해안에 국한된다(이재규와 이재성, 2003). 대륙 고기압이 우리나라로 확장해 오거나 지상 저기압이 동해 먼바다로 밀려가면 동해안에는 차고 습한 북동풍이 분다. 이번에는 하층의 대기 안정도가 심해져 기류는 산 아래 갇히게 되고 강수대는 주로 동해안에만 국한된다. 하층에서는 산맥을 따라 나란하게 북풍이 불고, 중층에서는 북동풍으로 풍향이 시계 방향으로 바뀌는 것이 특색이다. 반면 우리나라 남쪽에 기압골이 위치하면 주로 따뜻하고 습한 남동 계열의 바람이 태백산맥을 향해 분다. 이때는 하층의 대기 안정도가 완화되어 프라우드 수가 높아진다. 바람이 충분히 강하면 쉽게 기류가 산맥을 넘고 산지까지 폭넓게 강수대가 분포한다. 중층까지 한기가 남아있는 여건에서 하층에 두꺼운 남동 기류가 산맥으로 접근하면, 해안에서 산악 지대까지 광범위하게 정체성 호우가 나타날 가능성이 있다. 따라서 북동 기류가 불 것으로 예상하면, 모델의 지형성 강수보다 강수 범위를 해안 쪽에 가깝게 국한하고, 강수량도 보수적으로 보정하는 것을 검토하고, 남동 기류가 불 것으로 예상하면 강수 범위를 태백산맥 너머까지 확대하고 강수량도 늘려 잡는 것을 검토할 필요가 있다.

3. 태풍

태풍에 의해 유도되는 지형성 강수도 앞서 온대 저기압의 경우와 유사한 방식으로 보정할 수 있겠다. 북반구에서는 온대 저기압이든 태풍이든 기압계 중심에서 시계 반대 방향으로 바람이 회전하며 기압계가 이동하는 점에서는 서로 유사하다. 한편 바람의 연직 구조와 안정도는 서로 다르다.

첫째, 태풍은 하층으로 내려올수록 바람이 강해진다. 반면 풍향은 고도에 따라 별 차이가 없어, 기류가 지형에 부딪히는 힘이 연직으로 고르다. 중심 기압이 같은 조건이라면, 태풍에 의해 유도되는 지형적 상승 기류가 온대 저기압보다 강하다고 볼 수 있다.

둘째, 일반적으로 태풍은 열대 해상을 거쳐 북상하기 때문에 태풍이 몰고 온 온습한 기단이 중위도 지형 위로 옮겨 오면, 중위도의 서늘한 기단과 대치하고 섞이면서 연직 안정도가 불안정한 쪽으로 기울어진다.

이러한 특성 때문에, 북상하는 태풍의 기류가 중위도 고지대 사면에 부딪히더라도 찬 공기가 산 아래 깔리는 현상이 일어나기 쉽지 않다(Houze, 2012). 통상적으로는 태풍의 하층 기류가 산 사면을 넘는다고 보고, 모델의 해상도에 따라 지형성 강수량을 늘리는 방향으로 보정해도 무방하다. 앞서 온대 저기압의 경우와 마찬가지로, 모델의 해상도가 낮아질수록 더 큰 폭으로 지형성 강수량을 늘려 줄 필요가 있다. 또한 기류가 사면을 상승하면, 적운형 강수가 발생할 가능성도 검토해 보아야 한다. 열대 기단이 갖는 불안정한 대류 에너지가 방출되면서, 국지적으로 적운형 강수가 지형성 강수에 더해져 총 강수량이 많이 증가할 수도 있기 때문이다(Witcraft et al., 2005). 한편 모델이 예측한 태풍의 이동 경로, 반경, 강풍 구조는 실제와 다를 수 있으므로, 모델의 태풍 모의 특성을 고려하여 고지대 사면에 작용하는 기류의 세기, 방향, 지속 시간에 대한 불확실성을 지형성 강수량 보정 과정에서 염두에 두어야 한다.

4. 지속 시간

통상 지형성 강수는 대규모 기압계에 의한 강수보다 일찍 시작하거나 늦게 종료하기도 하므로, 혼합형 강수 구역에서는 총 강수 지속 시간이 늘어나게 된다. 대규모 기압계에 의한 하층 기류와 지형 효과를 따져보면서, 강수 지속 시간을 보정해 주면 큰 무리가 없다. 흔히 온대 저기압이 접근하기 전이라도 저기압 외곽의 강풍이 고지대 사면에 부딪히면, 지형적으로 상승 기류가 유도되면서 강수가 먼저 시작한다. 온대 저기압이 남해 먼바다를 서쪽에서 동쪽으로 통과해 가면, 제주도 한라산이나 남부 지리산 자락에는 예상보다 일찍 지형성 강수가 내리기도 한다. 온대 저기압과 마찬가지로 태풍이 남해 상으로 북상할 때는 태백산맥 동쪽 지방에서도 비슷한 현상이 나타난다.

지형성 강수의 지속 시간은 일차적으로 사면 위로 흐르는 바람이 얼마나 오랫동안 유지되느냐에 달려있다. 바람이 약해지거나 풍향이 바뀌어 사면에 직각인 바람 성분이 줄어들게 되면, 상승 기류가 약해지므로 지형성 강수 또한 종료한다. 반면 온대 저기압이나 태풍의 주 강수대가 멀리 벗어난 후에도, 사면 위로 흐르는 기류가 남게 되면 지형성 강수도 좀 더 긴 시간 동안 유지되기도 한다. 예를 들면 온대 저기압이 내륙을 통과하여 그 중심역이 동해 상으로 진출한 후에도 북동풍이 부는 동해안 지역에서는 지형성 강수가 한동안 지속한다.

3장

지형성 강설
PRECIPITATION FORECAST

1. 눈과 비의 차이

겨울철에는 온대 저기압의 기류가 산지에 부딪히면 지형적으로 비 대신 눈이 내리기도 한다. 앞서 지형성 강수를 보정하는 방식은 지형성 강설에도 적용할 수 있다. 다만 강수 형태는 기온에 따라 변동이 심하고, 눈은 비보다 가벼워 바람을 타고 멀리 날아갈 수 있다는 점이 추가로 고려되어야 한다.

첫째, 모델의 지형은 실제보다 평탄하다. 고도가 100m 상승할 때마다 기온은 평균 0.6°씩 낮아진다는 점을 고려하면 산지에서는 모델의 고도가 실제보다 낮아, 모델의 기온은 실제보다 높아진다. 반대로 계곡에서는 모델의 고도가 실제보다 높아, 모델의 기온은 실제보다 낮아진다. 산지에서는 모델 기온을 낮추어 보정해야 하고, 빙점 부근에서는 비 대신 눈으로 내릴 가능성도 따져보아야 한다. 반면 계곡에서는 모델 기온보다 높게 보정해야 하므로 눈 대신 비가 내릴 가능성도 살펴보아야 한다. 기온이 낮아 눈으로 쌓일 때도 산지에서는 적설을 모델보다 많게 보정해야 하고, 계곡에서는 적게 보정해야 한다.

둘째, 기온이 낮아 눈이 내릴 경우에는 모델의 강수 분포보다 주풍을 따라가는 방향으로 강수 범위를 확장하는 것도 검토해 보아야 한다. 대기 중층에서 만들어진 가벼운 눈 입자는 하층보다 강한 바람을 타고 멀리 날아갈 수 있다. 특히 상층에 절리 저기압이 접근해 오면 하층에서 중층까지 연직으로 바람의 풍향 변화가 심하므로, 단순히 하층 바람만 고려하면 적설의 길목과 범위를 과소평가하기 쉽다. 이때는 중층의 풍향을 보면서 적설의 범위를 탄력적으로 넓게 잡을 필요가 있다.

2. 호수 효과

겨울철에는 바다도 주변 지역의 강설에 큰 영향을 미친다. 해수는 대기보다 열용량이 크기 때문에, 계절적 변동이 육지보다 한 박자 늦다. 차가운 대륙성 기단이 상대적으로 따뜻한 해수 위로 이동해 오면, 하층 대기는 빠르게 불안정해지고 키가 작은 적운이 주풍을 따라 열지어 발달한다. 바다가 아니더라도 미국 오대호와 같이 큰 호수도 비슷한 효과를 낸다. 소위 '호수 효과에 의한 강설(lake effect snow)'이 일어나게 된다.

지형성 강설은 겨울철 서해안에서 자주 나타나고 동해안에서도 종종 나타나는 편이다. 겨울철 온대 저기압이 우리나라를 통과하면 그 후면에서 찬 대륙 고기압이 우리나라로 확장해 온다. 고기압의 중심이 중국 내륙으로 남하하면서 남동쪽으로 확장하여, 서해 쪽으로 배가 부르는 모양을 띤다. 서해 상에 눈구름이 발달하고 서해안 지역에 지형성 강설이 2~3일 정도 지속한 후에는, 고기압 주변 기단이 변질하며 한기의 강도도 약해지고 북서풍도 점차 약해져 서풍으로 전환한다. 서해안의 지형성 강설도 이 무렵 해소된다. 어떤 때는 한기의 일부가 만주와 캄차카 반도 방향으로 확장하면서, 하층에서는 북동 계열의 바람이 동해 상에 형성된다. 이런 때는 대개 만주 동쪽에 상층 골이 발달하게 된다. 상층 파동이 정체하지 않는 이상, 이러한 구도는 대개 1~2일 사이에 허물어지고 상층 골은 동쪽으로 이동해가기 때문에, 동해 상의 지형성 강설은 서해 상보다는 일찍 종료된다.

강수량 핵심 인자별로 지형성 강설 현상을 좀 더 살펴보자.

첫째, 주 풍계를 따라 해수 위를 지나는 대기와 해수의 온도 차가 클수록 대기의 불안정도가 심해져 열적 난류에 의한 연직 수증기 플럭스가 커진다. 또한 찬 공기를 몰고 오는 하층 바람의 풍속이 강할수록 기계적 난류 활동이 왕성해져 연직 수증기 플럭스가 커지는 데 일조한다. 찬 기단이 오랜 시간을 따뜻한 바다 위로 이동하면 그만큼 적운열의 길이(fetch)도 길어지고, 눈구름으로 진입하는 수증기량도 많아진다.

둘째, 주풍이 해안에 부딪히면 마찰력과 지형 효과로 인해 상승 기류가 유발된다.

셋째, 눈구름이 주로 바다에서 생성되기 때문에 염분 입자를 포함하여 큰 에어로졸이 대기 중에 유입하는 점은 강수 입자가 성장하기에 유리한 조건이다. 또한 상대적으로 따뜻한 해수 위의 공기와 섞이면서, 적운 하부는 빙점 부근의 온도를 보이는 경우가 많고, 장시간 적운 열을 따라 이동하는 동안 충돌 병합에 의한 강수 성장 효율은 높아진다. 눈송이도 푹신한 느낌을 주는 함박눈의 형태를 흔히 보인다. 반면 적운의 키가 작아 빙정이 최적으로 자라는 –15℃까지 높은 고도에 이르기 어려운 점은 강수 효율을 낮추는 요인으로 작용한다. 여러 요인이 한데 섞여 셈법이 복잡해서 지형성 강설에 대한 강수 효율에 대해서는 많은 조사 연구가 필요하다.

넷째, 지형성 강설의 지속 여부는 주풍의 방향과 세기, 한기의 강도를 지원하는 대규모 기압계가 유지되는지가 관건이다.

다섯째, 주풍은 핵심 인자는 아니지만, 지형성 강설 범위를 결정하는 데 적지 않은 영향을 미친다. 강설 지역은 주풍이 불어가는 방향으로 확대되고, 침투 범위는 중·하층 바람의 세기에 좌우된다.

모델은 대기·해수 상호작용 과정을 통해 수증기가 유입하는 과정과 대규모 상승 기류가 형성되는 과정은 대체로 잘 모의하는 편이다. 하지만 키가 작은 층적운의 강수 과정에는 대규모 운동계보다는 미세 물리 과정이 많이 관여하기 때문에, 모델의 강수 효율에는 많은 불확실성이 따른다. 모델이 예측한 지형성 강설의 가능성에 대해서는 어느 정도 신뢰할 수 있지만, 구체적인 강수 시종 시점에 대해서는 불확실성이 높은 편이다. 또한 날리는 눈의 확장 범위와 주 적설 지역에 대해서도 모델의 모의 능력에는 한계가 따른다. 따라서 기상위성 영상을 통해서 적운열 형태와 구름 발달 정도를 판독하여 모델의 단기 예측 강수량을 보정하고, 내륙의 적설계 관측값을 참고하여 초단기 예측 강수량을 보정하는 것이 바람직하다.

7부

앙상블의 활용

1장

불확실성의 크기

모델의 예측 오차 또는 불확실성을 고려한다면, 모델의 예측 강수량을 보정하고자 할 때 다양한 예측 시나리오를 머릿속에 그려보아야 한다.

우선 생각해 볼 수 있는 것은, 과거 모델의 행태를 통계적으로 분석해 보는 것이다. 다시 말해 관측 강수량과 모델 강수량의 차이에 대한 빈도를 앞으로 전개될 경우의 수로 놓고 보는 것이다. 하지만 기상 상황은 수시로 돌변하고 기후 변화로 인해 일기 패턴의 추세도 변하기 때문에, 과거의 수치에만 집착하는 것은 한계가 있다.

둘째, 개념적 모델과 경험적 지식을 토대로 한 예측 시나리오도 생각해 볼 수 있겠다. 기압계 패턴별로 강수량 핵심 인자에 관한 모델의 예측 오차 특성을 따져보고, 예상 강수량의 보정 방향을 정성적으로 제시해 보는 것이다. 하지만 제한된 분석 시간과 주관적 편견으로 인해 모든 경우의 수를 객관적으로 따져보는 데 한계가 있다.

셋째, 모델의 최근 예측 시나리오나 다른 모델의 예측 시나리오도 참고해 볼 수 있다. 소위 앙상블 예측 기법이 세 번째 부류에 속한다. 이 방식은 최근의 모델 자료를 활용함으로써, 시시각각 변화하는 기상 상황을 탄력적으로 고려할 수 있다. 동시에 모델 계산이 갖는 정량성과 객관성도 확보할 수 있어서, 다른 2가지 방식이 갖는 문제점을 보완할 수 있다. 특히 적운형 강수가 지배하는 국면에서는 어느 한 가지 방식을 고집하지 말고 가능한 한 다양한 방식으로 예측 시나리오를 종합하여 판단하고, 예측 불확실성의 크기를 늘려 잡아 대처하는 것이 효과적이다.

1. 예측 오차의 통계적 특성

　　　　　　　　　　모델의 예측 강수량을 실측 강수량과 비교하면, 강수량 예측 오차를 구할 수 있다. 오랜 기간에 걸쳐, 강수량 예측 오차를 모아 정리하면 계통적 오차 특성을 파악할 수 있다. 강수량은 구름과 마찬가지로 매우 가변적이고 국지적이라, 관측하기도 쉽지 않다. 특히 바다와 산간의 관측망은 매우 열악하다. 기상레이더와 같은 원격 탐측 수단이 있기는 하지만, 이 역시 추정 오차가 적지 않고, 각종 잡음이 관측에 개재될 공산이 크다. 한편 모델의 시·공간 해상도도 충분하지 않고, 모델의 격자점과 관측점이 공간적으로 일치하지 않기 때문에, 상호 비교하는 데 어려움이 따른다. 예를 들면 모델의 해상도가 20km라고 치자. 그렇다면 바둑판 모양의 단위 면적 20km×20km마다 예측 강수량이 산출된다. 강수 관측망은 바둑판 주변에 비균질적으로 산포해 있을 텐데, 관측 강수량을 정연한 바둑판 위의 면적 강수량으로 환산하는 작업에는 추정 오차가 따른다. 역으로 바둑판 위의 면적 강수량을 관측 지점의 강수량으로 추정하는 작업에도 오차가 따르기는 마찬가지다.

　　예측 강수량과 실측값의 차이는 다양한 지표를 통해 파악할 수 있다. 예를 들어 평방 제곱근 오차(RMSE)가 예측 강수량이 실측값을 벗어나는 분산의 정도를 보여준다면, 상관지수는 공간적 패턴의 부합 정도를 알려준다 (이우진, 2006b). 이같이 거시적인 지표들은 전체 영역에 대한 예측 강수량의 평균적인 특징을 찾는 데는 효과적이지만, 예측 강수량의 공간 분포가 지역별로 실제와 얼마나 근접하는지를 자세하게 따지는 데 한계가 있다. 단적인 예로, 예측한 강수대가 실제와 모양은 비슷하지만, 실제보다 하루 늦게 이동한다고 가정하자. 이 경우 위상 오차는 크지만, 모양 오차는 작다. 거시적인 지표는 모양 오차와 위상 오차를 구별하지 않기 때문에, 전반적으로 예측 강수량의 정확도 점수를 박하게 매기고 만다. 이런 문제점을 해결하기 위해 강수대 모양의 차이를 측정하는 지표들도 최근에는 주목받고 있다(Gilleland et al., 2010). 모델별로 예측 강수량의 오차 특성은 각기 별도의 조사가 필요하겠지만, 다음 일반적인 오차 특성을 참고하면 어떠한 경우에 모델의 예측 강수량을 보정해야 할지 따져보는 데 도움이 될 것이다.

첫째, 검증하려는 강수량 등급이 높을수록 예측 오차도 커진다. 강수 유무에 대한 예측 오차보다 110mm 이상의 강수량에 대한 예측 오차는 훨씬 커진다. 당장 몇 시간 앞의 예보라 하더라도 강수량이 매우 많아질 것으로 예상하면, 다양한 시나리오를 고민해 보아야 한다.

둘째, 예측 기간이 늘어날수록 예측 오차도 커진다. 내일 강수량보다는 일주일 앞의 강수량에 대한 예측 오차가 훨씬 크다. 단순히 강수 유무에 대한 강수 예보를 검토하더라도 예측 기간이 일주일 앞으로 늘어나면 역시 다양한 시나리오를 검토해 보아야 한다.

셋째, 중·소규모 운동계에 따른 강수는 대규모 운동계에 따른 강수보다 예측 오차가 크다. 층운형 강수보다 적운형 강수의 예측 오차가 큰 것도 같은 맥락이다. 특정 시점에 대한 예상 강수 분포도 안에서도, 발달한 적운에 의한 국지성 강수 지역을 짚어내려면 다양한 후보지를 따져보아야 한다.

넷째, 목표 지역이 기압계의 힘의 중심에서 멀어져 있을 때는 강수대의 위치나 범위에 대한 예측 불확실성이 커진다. 온대 저기압이 남해 상으로 동진해 갈 때 강수대의 북쪽 경계는 저기압의 범위와 강도, 이동 속도에 따라 달라진다. 서울까지 강수대가 북상할 것인지, 강수가 있다면 언제 얼마나 오래 내릴 것인지 위치를 잡기가 쉽지 않다. 특히 눈은 바람을 타고 멀리 날아가므로, 남쪽 골이 탁월할 때 강수의 북방 한계 범위에 대한 불확실성도 더 커진다. 온대 저기압이 지나가는 끝자락에서 한랭 전선에 의한 강수대가 어디까지 남하하며 산맥이나 지면 마찰로 인해 어디서 소멸하는지 남쪽 경계에 대한 구분도 애매하다. 태풍이 북상할 때도 중심 경로에서 벗어난 외곽 지역에서는 나선형 강수대의 영향권에 들 것인지, 든다면 언제 얼마나 지속할 것인지 모호하다. 북태평양 고기압 가장자리에서 선형 집중호우대가 예상된다 하더라도 강수 강도가 높은 지역이 수도권에 놓일 것인지 남쪽으로 치우쳐 충청도에 놓일 것인지 위치를 잡기 모호하다. 이때는 강수대의 원인이 되는 주된 힘의 영향 범위를 충분히 넓혀 잡고, 예측 기간이 가까워질수록 그 범위를 조금씩 좁혀 가는 것이 안전하다.

이러한 오차 특성은 모델의 강수량 예측 오차를 보정하는 데 안내 역할을 하기는 하지만, 매일 매일 달라지는 기압계에 구체적으로 적용하는 데는 한계가 있다. 기압계 패턴에 따라 모델의 강수 오차 특성이 달라지기 때문이다. 처한 상황이 복잡하여 모델이 주는 신호가 애매한 때가 있는가 하면, 신호가 뚜렷하여 전형적인 패턴으로 분류하기 쉬운 때가 있다. 특정한 기압계 패턴에서 모델의 예측 불확실성을 정량적으로 산정하려면, '전개 가능한 모든 시나리오'의 경우의 수를 고려하여 예측 강수량의 빈도를 계산해야 한다. 다시 말해 예측 시나리오의 앙상블에 대한 확률 분포를 구해야만 한다. 특정 변수에 대한 확률 분포는 그 변수의 멱급수(power series)에 대한 기댓값으로 나타낼 수 있다. 예를 들면 가우시안 분포(Gaussian distribution)는 평균과 분산의 2개의 매개변수로 나타낼 수 있는데, 이것들은 각각 1차와 2차 멱급수에 대한 기댓값이다. 변수의 확률 분포가 복잡할수록 고차 멱급수가 차지하는 비중도 높아진다. 실무적으로는 1차와 2차 멱급수를 주로 고려하게 된다. 다시 말해 앙상블 평균과 분산 또는 편차(spread)가 주로 쓰인다. 앙상블 평균은 기류의 흐름을 따라가면서 중·소규모 운동계의 잡음을 여과해서 가능성이 큰 시나리오를 보여준다(WPC, 2006). 앙상블 편차는 예측 불확실성의 정도를 알려준다.

2. 핵심 인자와의 관계

복수의 강수 예측 시나리오가 서로 다를 때는 우선 왜 차이가 나는지를 살펴보아야 한다. 핵심 인자에 비추어 예측 강수량을 보정하는 일련의 과정은 복수의 예측 시나리오에도 똑같이 적용해 볼 수 있겠다. 강수 예측 시나리오별로 핵심 인자들이 어떻게 기능하는지를 비교해봄으로써, 최선의 예측 시나리오를 찾아내거나 대안 시나리오를 비판적으로 검토할 수 있다. 핵심 인자를 다루는 데에도 규모의 원칙이 적용된다. 큰 것이 작은 것보다 일반적으로 예측성이 우수하므로, 큰 것에서 출발해서 점차 작은 것으로 분석 영역을 확대하자는 것이다. 기압계와 수증기장은 연속적이고 단순하여 큰 규모의 운동계를 파악하는 데 유리하다. 반면, 상승 기류, 강수 효율, 강수량은 국지적인 특징이 강하고, 작은 규모의 운동계가 큰 규모의 운동계와 복잡하게 얽혀있다. 따라서 복수의 강수 예측 시나리오를 비교할 때도, 기압계와 수증기장을 먼저 살펴보고 나서, 여타의 핵심 인자를 따져보는 것이 알기 쉽다.

첫째, 예측 시나리오별로 기압계와 수증기 통로가 달라진 것인지 따져 보아야 한다. 주 강수 영역 주변의 저기압이나 고기압의 위치, 모양, 크기, 강도의 차이를 주의 깊게 살펴본다. 하층의 수증기 흐름과 강풍역에 달라진 부분이 있는지 찾아본다.

둘째, 상승 기류는 시·공간적으로 복잡하고 변동이 심하므로, 대신 상승 기류를 유발하는 대규모 강제력, 연직 불안정도, 지형 효과 중에서 어느 것이 지배적인지를 살펴본다. 상층의 저기압성 회전 바람이나 하층 난역이 얼마나 강하고 얼마나 빠르게 유입되는지에 따라 상승 기류도 달라질 것이다. 그런가 하면 상층의 한역과 하층의 난역의 상대적인 강도나 유입 정도, 중층 건조역의 강도와 유입 정도에 따라 대기 불안정에 의한 상승 기류도 달라질 것이다. 하층 기류의 세기와 방향에 따라 지형성 상승 기류도 달라질 것이다.

셋째, 강수 효율은 국지적으로 미세 물리 과정의 영향을 많이 받고 시·공간적 변동성이 매우 큰 변수이기 때문에, 개념적으로 따져보기 어려운 측면이 있다. 하지만 수증기량의 연직 분포와 연직 바람 시어에 따라 강수 효율도 달라지므로, 대규모 기압계에서 강수 효율의 차이를 간접적으로 따져 볼 수는 있다.

넷째, 지속 시간은 주 시스템의 이동 속도와 방향에 달려있다. 저기압에 동반된 전선성 강수라면, 예측 시나리오별로 저기압 중심이나 전선의 강도, 이동 방향과 속도를 면밀하게 비교해보아야 한다. 한편 적운형 강수라면 예측 시나리오별로 연직 불안정 구역의 분포, 적운형 강수 시스템의 모양, 이동 방향과 속도, 새로운 세포의 발생 가능성을 따져봐야 한다. 모델이 적운형 강수를 다루는 데 근본적인 한계가 있으므로, 적운형 강수는 층운형 강수보다 예측 시나리오 간에 강수 지속 시간의 편차도 크고 예측 불확실성도 커지기 마련이다.

3. 예측 시나리오의 앙상블

앞서 2부에서는 모델 강수량의 예측 오차를 보정하는 과정을 크게 위치 보정과 강도 보정의 2단계로 나누어 살펴본 바 있다. 모델 강수량의 예측 시나리오에는 위치와 강도에 대한 불확실성이 한데 섞여 있어서, 2종류의 불확실성을 각기 구분하여 검토하는 것이 효과적이다.

첫째, 여러 예측 시나리오를 겹쳐 보면 강수 시스템이 이동하는 경로의 공간 편차와 불확실성의 정도를 가늠할 수 있다. 예를 들면 여러 모델의 태풍 예상 경로를 참고하여, 태풍의 위치와 관련 강수대의 위치를 보정할 수 있다. 여러 모델의 강수량 예측 자료를 단순하게 산술 평균하기만 하더라도, 이동형 강수 시스템의 위치 오차를 효과적으로 보정할 수 있다. 모델의 개수가 늘어날수록 위치 보정 효과는 커진다. 또한 모델마다 계산 방식이나 초기 조건이 다르면 다를수록, 위치 보정 효과도 커진다. 하지만 이례적인 행태를 보이는 강수 시스템에 대해서는 모델의 강수량 예측에 근본적인 한계가 있는 만큼, 위치 보정 효과도 제한적일 수밖에 없다.

둘째, 모델이 예측한 강수량의 시·공간적 분포는 매우 복잡하다. 하지만 예측 시나리오별로 강한 강수가 예상되는 지역과 시점을 비교해보면, 강수 강도의 시·공간 편차와 불확실성을 대략 파악할 수 있다. 한편 여러 예측 시나리오를 조합하는 동안 강수량 분포의 선명도는 떨어지고, 강수 강도도 무뎌져 실제보다 강수 강도가 과소 평가될 공산이 크다. 앙상블 평균을 취한 예측 강수량을 사용할 때는 단일 모델의 예측 강수량을 사용할 때보다 강수 강도를 더 큰 폭으로 늘려 보정할 필요가 있다.

한편 강수 유무의 예보는 강수 구역의 예보로서, 가장 약한 등급의 강수 강도 예보나 마찬가지다. 일반적으로 강수 강도가 낮을수록 예측성이 우수하므로, 강수 유무에 대한 예보는 신뢰도가 높은 편에 속한다. 따라서 예측 시나리오에 대한 앙상블을 활용하여 강수량을 보정할 때도, 강수 강도보다는 강수 구역에 대한 예보를 먼저 결정하고, 그 토대 위에서 강수 강도를 보정하는 것이 효과적이다.

2장

하나의 모델만 사용할 때

1. 초기 조건의 차이

인터넷에서 평소 익숙한 웹사이트를 하나 정해 놓고 해당 모델의 예측 자료를 꾸준히 사용한다면, 전 시간의 예측 자료 흐름과 최신 예측 자료의 흐름에서 차이점을 금방 발견할 수 있다. 이것은 하나의 모델을 지속적으로 활용함으로써 얻을 수 있는 소중한 자산이다. 서로 다른 초기 조건의 시점 t1, t2, t3 에서 각각 출발하여, Fig. 7.1과 같이 목표로 삼은 검증 시점(Day 1~4)의 예측 자료를 비교하면 손쉽게 초기 조건의 앙상블을 구성할 수 있다.

앞서 Fig. 2.3도 동일한 모델을 이용하여 각각 서로 다른 초기 조건의 시점에서 구한 예측 강수량을 보인 사례이다. 초기 시점의 차이가 12시간에 불과하였지만, 좌측과 중간의 예측 강수량도는 강수대의 위상이 서로 다르고, 중간과 우측의 예측 강수량도는 중부 지방에서 강수 강도가 서로 달랐다. 모델은 달라진 것이 없는 데도, 초기 조건에 따라 예측 결과가 크게 달라진다는 것은 기압계가 역학적으로 불안정하여 초기 조건에 따라 예민하게 반응한다는 점을 시사한다.

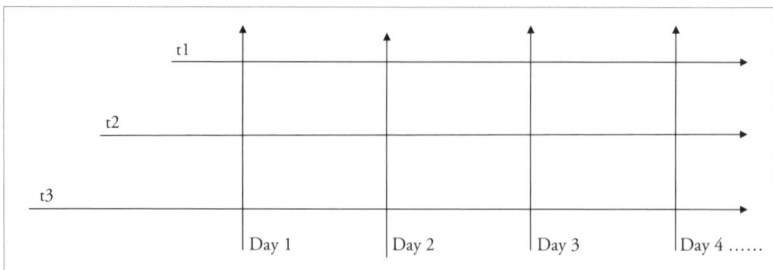

Fig. 7.1 서로 다른 초기 시점 t1 > t2 > t3에서 각각 출발한 모델 예측 결과를 종합하는 방식. 가로축의 화살표는 각각 모델이 계산하는 예측 기간이 늘어나는 방향을 지시한다. 예를 들면 t1 초기 시점에서 출발한 모델은 +1일(Day 1)부터 일 간격으로 +4일(Day 4)의 예측 시점의 자료를 산출한다. 세로축의 화살표는 검증 시점 또는 목표 시점(Day 1~4)이 동일한 예측 자료를 찾아가는 방향을 지시한다. 하나의 모델을 가지고도 초기 조건을 달리하여 여러 번 계산하면, 여러 개의 예측 시나리오를 구성할 수 있다.

전 시간 예측 자료와 현격히 달라진 최근 예측 자료로 인해 혼선이 가중될 때는 우선 모델의 예측 결과를 비판적으로 바라보아야 한다. 흔히 모델 예측 강수량 중에서 적운형 강수가 많은 비중을 차지할 때 이런 문제가 생긴다. 목표 지역에서 멀리 떨어진 곳에서 일어나는 적운 활동도, 때로는 목표 지역의 강수량 예측 불확실성을 높이는 요인이 되기도 한다. 예를 들면 강도가 약한 태풍에 대해서는 모델의 초기장 분석 오차가 커지게 된다. 예측 기간이 길어져 목표 지역에 태풍이 영향을 주는 시점이 되었을 때는, 모델이 예측하는 태풍 경로와 강도가 실제와 크게 어긋나며 목표 지역의 예측 강수량 오차가 커질 수 있다. 이런 때는 서로 다른 시점에서 출발한 모델의 예측 결과를 모두 고려하여, 불확실성의 크기를 늘려 잡고 대응할 필요가 있다.

여름철에는 적운형 강수가 자주 나타난다. 모델이 대기 불안정에 의한 소낙성 강수의 발생 가능성을 높게 예측한다 하더라도, 언제 어디에 얼마나 내릴지는 매우 불확실하다. 또한 남쪽에서 밀려오는 열대 기단의 관측 자료가 부족하여, 시점에 따라 모델 예측 자료의 변동이 심하다. 이 계절에는 시점에 상관없이 모델의 예측 자료를 일단 의심해 보고, 하루나 이틀 전에 계산한 모델 예측 자료도 현시점의 예측 자료 못지않게 중요하게 다룰 필요가 있다. 여름철이 아니더라도 상층에서 찬 저기압이 남하할 때 지상에서는 저기압이 매우 미약한 모습을 보일 때가 있다. 상층의 한기로 인해 연직 불안정도가 높아지더라도, 적운형 강수가 언제 어느 곳에 발생할 것인지 모호하다. 이럴 때는 가능한 한 예측 시나리오의 표본을 늘리고, 다양한 시나리오를 가감 없이 종합하여 활용하는 것 외에 별 대안이 없다.

그 외 다른 계절에는, 일차적으로 현시점의 예측 자료에 우선 더 많은 비중을 두고 전 시간 예측 자료를 참고해도 무방할 것이다. 하지만 현시점의 초기 조건에 상당한 하자가 있거나, 모델의 물리 과정이 감당하기 어려운 기압계 패턴이라면, 여름철 적운형 강수와 마찬가지로 여러 시점의 모델 예측 자료를 고루 살펴야 할 것이다.

2. 예측 경향과 일관성

일반적으로 예측 기간이 줄어들수록 강수량 예측 정확도도 높아지므로, 예측 기간에 따라 모델의 예측 강수량에 어떤 추세가 있는지 살피는 것이 도움된다. 다년간의 예측 결과를 놓고 보면, 어제 예측한 오늘 강수량은 그제 예측한 오늘 강수량보다 정확도가 높고, 그제 예측한 오늘 강수량은 다시 5일 전에 예측한 오늘 강수량보다 정확도가 높다. 모델의 예측 계산이 거듭할수록 목표한 날짜의 예측 강수량이 점차 한 방향으로 수렴해 간다면, 최근 시점의 모델 예측 자료에 집중하여 분석하는 것이 상식적인 접근 방법이다. 일례로 여름철 태풍이 서태평양 저위도 해상에서 발달하면, 기상위성에서 탐측한 태풍 주변의 구름 정보를 대기 중의 수증기장과 기온으로 역산하여 모델에 입력하게 된다. 이 과정에 분석 오차가 개입하고, 모델 초기 분석장의 오차도 커질 수밖에 없다. 태풍 내부의 적운 군집체와 주변 기압계가 상호작용하며, 초기 분석 오차는 예측 기간에 따라 증가하여, +5일 앞의 태풍 예측 진로는 예보 시점마다 큰 폭으로 변동한다. 실무 경험에 따르면 대체로 최신의 예측 자료가 전 시점보다 진로 예측 정확도가 높아진다.

시점별로 모델의 예측 자료에 뚜렷한 추세가 나타난다면, 강수량 예보의 위치 보정도 간명하다. 예를 들어, 그제 시점에서 예측한 모델 자료에서는 함경도 부근으로 약한 한랭 전선이 내일 아침에 남하하고, 어제 시점에서는 한랭 전선이 더 남쪽으로 개성 부근까지 내일 낮에 남하하고, 오늘 시점에서는 한랭 전선이 조금 더 남쪽으로 서울 부근까지 내일 오후에 남하한다고 하자. 예측 자료가 수렴하는 '서울 부근'과 '내일 오후'에 각각 한랭 전선의 접근 위치와 시각이 나타날 가능성이 커진다고 보기 쉽다. 모델의 추세는 때로 양방향에서 수렴하기도 한다. 이를테면 앞선 사례에서 어제 시점의 모델 자료에서는 충남 부근으로 한랭 전선이 많이 남하했다가 오늘 모델 자료에서는 다시 서울까지 시소 모양으로 북편하기도 한다.

어느 경우든지 모델의 예측 자료가 특정 위치나 시제로 수렴하게 되면, 그만큼 모델 예측 자료는 일관성을 갖게 되고, 예보 담당자로서는 주어진 기압계 패턴에 대한 모델 예측 결과를 신뢰하는 심리가 작용한다. 이것은

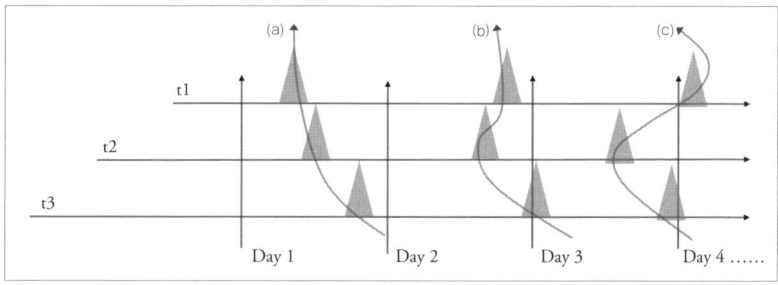

Fig. 7.2 모델이 예측한 주 강수 시점(삼각형)의 추세 유형. 초기 조건의 시각(t1 > t2 > t3)에 따라 주 강수 시점은 (a) 한 방향으로 수렴하거나, (b) 양방향에서 한 점으로 수렴하거나, (c) 수렴하지 않고, 일정 크기의 변동성을 보이는 유형으로 구분할 수 있다. 화살표는 추세의 방향성을 나타낸다. 강수를 지원하는 전선대, 태풍, 저기압의 도달 시점에 대해서도 같이 방식으로 유형을 구분하여, 초기 시점에 따른 예측 자료의 추세를 살펴볼 수 있다.

비단 전선형 강수대에만 그치지 않는다. 온대 저기압이나 태풍에 동반한 강수나 지형적 강수의 위치나 시제도 마찬가지다.

3. 일관성과 신뢰도의 관계

여러 시점의 예측 자료가 일관성을 보인다고 해서 반드시 반길 일은 아니다. 일관성은 예보가 시점에 따라 흔들리지 않고, 꾸준하게 유사한 흐름으로 예측의 지속성을 보장한다는 뜻이다. 예측 자료 간의 상관이 높은 만큼, 최근 시점의 예측 결과를 계속 보태가더라도 새로운 정보는 줄어들고 예측 자료 개개의 정보 가치는 떨어지게 된다. 일관성이 높다고 해서 예측 자료의 신뢰도가 동반해서 높아지는 것은 아니다. 오히려 다른 예측 시나리오에 소홀하게 되어 갑작스러운 기류 변화에 당황할 수 있다. 모델의 예측 경향이 미래 시점으로 반드시 이어지는 것도 아니고(Hamil, 2003), 모델 예측 자료의 일관성과 정확도 사이에는 별로 상관이 없다는 조사 결과도 나와 있다(Zsoter et al. 2009). 모델이 특정 기압계 패턴에 취약하다면 그 여파가 초기 조건의 결함으로 이어질 수 있다. 이런 때는 설령 모델의 예측 결과가 수렴하는 경향을 보이더라도, 시점별 예측 자료의 일관성이 오히려 모델의 결함에서 비롯한 것은 아닌지 의심해 보아야 한다. 한편 모델의 예측 내용이 시점에 따라 오락가락한다고 해서, 모델의 예측 자료를 애써 외면할 필요도 없다. 일반적으로 모델이 정교해지고 계산 과정이 복잡해질수록 모델의 예측성은 새로운 관측 자료에 더욱 예민해지고 예측 자료의 일관성이 떨어지는 것은 당연하기 때문이다(Pena and Toth, 2015).

시점에 따라 모델 예측 자료의 일관성이 떨어지면, 강수대의 위치와 시점에 대한 불확실성의 크기, 또는 검토 반경을 늘려 잡아야 한다. 예를 들면 여름철 고기압 가장자리에서 발달하는 선형 강수대를 모델이 최근 시점에서 내일 밤 서울에 위치한다고 예측하였다고 치자. 그전 시점에서 예측한 강수대의 위치와 시점이 얼마나 변동하느냐에 따라서, 서울을 중심으로 반경이 100~200km인 원을 그린 다음, 그 범위 내에서 더 북편할 것인지 아니면 남편할 것인지를 따져본다. 시점도 내일 밤을 기점으로 내일 오후로 당길 것인지 아니면 모레 새벽으로 늦출 것인지 따져본다. 일반적으로 위치와 시점의 불확실성은 예측 기간이 늘어날수록 커지기 때문에, 당장 내일 아침에 벌어질 일이라면 범위를 좁히고, 며칠 후에 일어날 일이라면 범위를 더욱 늘려 잡아야 할 것이다.

검토 반경을 고려하는 것은 한편으로는 모델의 예측 강수량에서 소규모 패턴을 여과하고 대규모 패턴에 집중하려는 시도다. 대규모 패턴이 중·소규모 패턴보다 예측성이 우수하고 나아가 시점별로 일관성도 높아지는 이점을 활용하자는 것이다. 검토 반경의 개념은 강수 예측 시나리오의 표본을 늘리는 수단(neighborhood method)으로 이용되기도 한다. 즉, 어느 지점의 강수 가능성은 주변 지점이나 인근 시점의 강수 가능성과 비슷하다는 전제하에, 검토 반경 내의 다양한 강수 현상을 각기 다른 경우의 수로 간주할 수 있다는 것이다. 고분해능 수치 모델은 계산에 걸리는 시간이 많이 들어, 여러 개의 예측 시나리오를 확보하기 어렵다. 이때도 검토 반경의 개념을 적용하면, 하나의 시나리오를 가지고도 검토 반경 안의 격자점 수만큼의 유사 시나리오를 확보하는 효과를 얻게 된다(Schwartz et al. 2010).

같은 맥락에서 모델의 강수 예측 오차 특성을 조사할 때도, 모델의 예측 강수와 관측한 강수의 위치나 시점의 차이가 검토 반경의 범위를 벗어나는지를 따지게 된다.

실무적인 관점에서 보면 모델 예측 자료의 일관성을 추구하기보다는, 목표하는 날짜에 대하여 서로 다른 시점에서 각각 출발한 모델 예측 자료를 평균하거나, 그 외 다양한 방식으로 구한 예측 시나리오를 평균하는 방식으로 불확실성에 대처하는 것이 바람직하다(Persson, 2015). 이렇게 앙상블 평균을 취한 예측 강수량은 단일 모델 강수량보다 시점별로 예측값의 변동성이 1/3 이하로 줄어들기 때문에, 일관성 측면에서도 단일 모델보다 유리하다.

또한 여러 모델 예측 자료들의 차이를 보고, 예측 자료의 신뢰 정도를 미리 파악할 수 있는 장점도 있다. 차이가 크면 그만큼 예측성이 낮고, 차이가 작으면 예측성이 높다고 볼 수 있다. 단 차이가 지나치게 작으면 모델

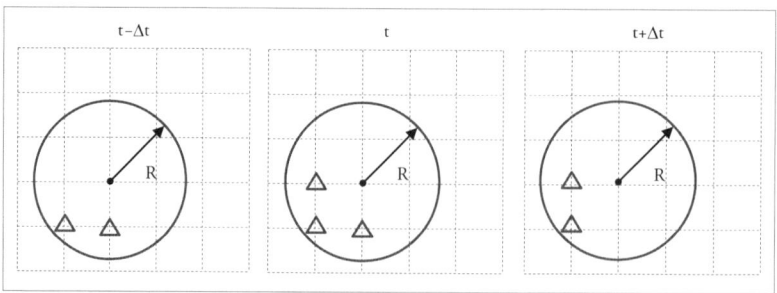

Fig. 7.3 검토 반경(R)과 강수 확률. 그림 상단의 시각은 하나의 초기 조건에서 출발하여 모델이 계산한 예측 자료의 시각이다. 모델의 격자점은 2차원 평면 위에서 가로와 세로 선이 교차하는 지점이다. 검토 반경의 중심에 있는 격자점에서 반경 R의 원을 그리면, 원안에 8개의 이웃하는 격자점이 놓이게 된다. 우선 시각 t에서 3곳(세모 표시)에서 강수가 예측된다면, 비록 중심 격자점에서는 강수가 예측되지 않았더라도 강수 확률은 3/8이 된다. 만약 검토 반경의 개념을 시간 축으로 t ±Δt까지 확대하면, 시각 t에서 중심 격자점의 강수 확률은 (2+3+2)/(8+8+8) = 7/24이 된다.

이 불확실성을 충분히 모의하지 못한다고 보고, 이전 시점의 모델 예측 자료를 함께 고려하여 종합 판단하는 것이 안전하다(Persson, 2015).

4. 주간 예보와 단기 예보의 차이

주간 예측 구간으로 옮아가면, 예측 자료의 정확도가 떨어지는 만큼, 초기 조건에 따라 모델의 예측 자료가 크게 변동한다. 단기 예측 구간보다 모델 예측 자료가 보여주는 변동 양식이 복잡해서, 추세를 파악하는 데 더욱 세심한 주의가 필요하다. 목표 지역을 기준으로 예측 기간이 늘어날수록 초기 조건에서 참고해야 할 자료의 영역도 확대된다. 한겨울 서울의 기온을 예보한다고 치자. 모레 서울 기온은 지금 북경의 기상 조건이 관건이다. +5일 앞의 서울 기온은 유럽의 기상 조건이 좌우한다. 반면 여름철 서울의 강수를 예보한다고 하자. 이번에는 남쪽의 기상 조건에 민감하다. 서울의 내일 강수는 중국 화남이나 제주도 남쪽 해상의 기상 조건이 영향을 준다. 서울의 글피 강수는 더 서쪽이나 남쪽으로 기상 조건의 영향 범위가 확장하여, 오키나와나 필리핀 해역의 적운 활동도 무관하지 않다.

목표 지점에 대한 내일 예보와 글피 예보를 놓고 보았을 때, 비록 같은 초기 조건에서 출발했다 하더라도 예보에 민감한 지역이 서로 다르므로, 내일 예보가 잘 맞는다고 해서 글피 예보도 잘 맞으라는 법도 없는 것이다. 때에 따라서는 글피 예보가 내일 예보보다 더 정확할 수도 있다. 서해를 거치는 동안 기단이 심하게 변질하는 과정을 관측망이 잘 포착하지 못한다면 중국 내륙의 기상 조건보다 분석의 품질이 떨어지기 때문이다. 따라서 예측 기간에 따라 예측 정확도의 추세를 고려해야 하겠지만, 예측 자료에 민감한 풍상측(upstream) 초기 조건의 범위와 특성을 함께 살펴야 할 것이다.

동서 기류보다는 남북 기류가 지배하는 기압계 패턴, 특히 폐곡을 이룬 블로킹 패턴이 중기 예측 구간에 들어오게 될 때, 일관성의 검토는 특히 중요하다. 이런 때는 기압계의 이동이 느릴 뿐 아니라, 선형보다는 곡선으로 기류가 흐르면서 비선형적 효과가 커지기 때문에 예측성도 낮아진다. 블로킹 저기압이나 고기압의 흐름이 여기에 해당하는 데, 기류가 블로킹에 막히면 남북으로 우회하고, 흐름이 저지되는 만큼 구름 과정이나 복사 과정의 영향을 더 많이 받게 된다. 그 외에도 고립된 형태의 패턴, 예를 들면 태풍이나 상층 저기압도 사정은 마찬가지다. 기압계의 곡률이 커지면 미세한 초기 조건의 차이에도 이류 과정이 크게 달라질 수 있기 때문이다. 특히 태풍이 여러 개가 근거리에 몰려있으면, 태풍의 바람에 의해 다른 태풍의 진로가 영향을 받으면서 각기 비정상적인 경로를 따라가게 된다.

단기 예보에서는 모델의 예측 강수량과 최신 관측 강수량의 차이를 비교하여, 그 차이만큼을 선형적으로 모델 예측 강수량에 보태주더라도 큰 무리가 없다. 대규모 강수대의 경우, 선형적인 가정이 통상 하루 이틀 사이에는 크게 무너지지 않기 때문이다. 따라서 단기 예보에서는 예측 강수량이 지속성 예보와 비교하여 얼마나 우수한지를 따져보게 된다. 반면 주간 예측 구간에서는 이러한 선형적 가정이 더는 통용되지 않는다. 우수한 모델은 예측 기간에 따라 변동성이 고르기 때문에, 주간 예측 구간에서는 기후 평균을 취한 통계 모델보다 예측 오차가 오히려 커지게 된다. 기후 평

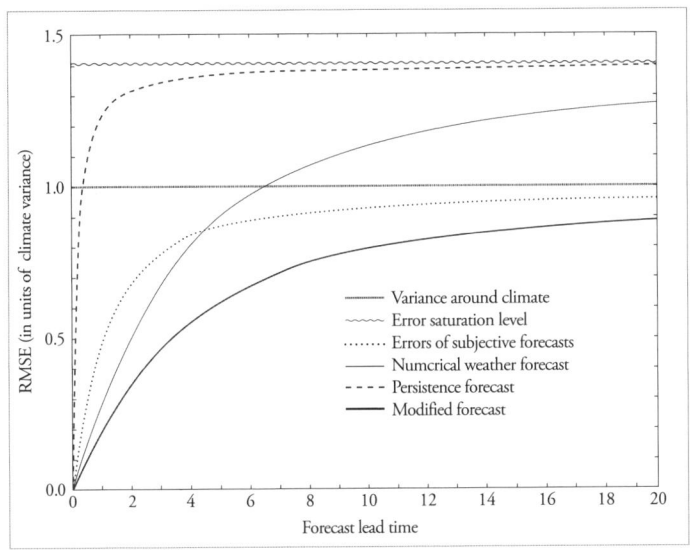

Fig. 7.4 예측 일수(가로축)에 따른 앙상블 평균 예보(modified forecast, 굵은 실선)의 오차 보식노, 오차의 크기 (RMSE, 세로축)는 통계 예보의 오차, 즉 기후 평균에 대한 분산 값(variance around climate, 빗금선)으로 정규화한 것이다. 지속성 예보(persistence forecast, 파선)는 초기 시각의 값을 예측 기간 내내 유지하는 방식으로, 그 오차는 굵은 점선으로 나타나 있다. 지속성 예보는 초기 조건, 즉 자연의 변동성을 반영하고 있어서, 통계 예보보다 오차가 커질 수밖에 없다. 통계 예보 오차의 ~1.4배에 해당하는 값(error saturation level, 물결선)에 수렴한다. 수치 모델의 예측(numerical weather forecast, 얇은 실선) 오차는 예측 기간에 따라 지속성 예보의 오차에 수렴하는 경향을 보인다. 수치 모델도 초기 조건에 따라 민감하게 반응하기 때문이다. 주관적 예보 오차(errors of subjective forecast, 점선)는 예측 기간에 따라 통계 예보 오차에 수렴하는 경향을 보인다. 여기서 주관적 예보는 수치 모델 자료를 참조하지 않고, 순전히 사람이 주관적으로 보정하는 예보이다. 초기 시각에는 기상 실황에 의존하여 지속성 예보를 닮고, 예측 기간이 늘어나면 통계적 빈도를 의식하여 통계 예보에 근접하는 특성을 갖는다. 한편 앙상블 평균 예보는 다른 예보 방식보다 오차가 적고, 예측 기간이 늘어나면서 통계 예보 오차에 근접하는 경향을 띤다. 예측 기간 초기 단계에는 수치 모델의 여러 예측 시나리오를 종합하여 모델의 계통적 오차를 여과하므로 다른 예보 방식보다 오차가 작다. 하지만 예측 기간이 길어지면 앙상블의 평균을 취하는 통계적 특성으로 인해 통계 예보 오차에 근접하게 된다(Persson and Grazzini, 2007, Fig. 29).

균값과 비교하여 주간 예측 강수량의 우위를 따지는 것도, 주간 예보의 이러한 비선형적 특성을 고려한 것이다. 예측 기간이 늘어날수록, 모델의 예측 강수량이 기후 평균값에 근접하는 방향으로 모델 예측값을 보정하는 것이 합리적이다. 단일 모델이나 여러 모델의 예측 강수량을 종합하는 앙상블 예보도 예측 기간이 늘어나면서 기후 평균값에 수렴하는 특성을 보인다 (Persson, 2015). 기후 평균값 대신 모델의 앙상블 평균값을 참조하는 것도 모델의 기상 변동 폭을 완화하고, 나아가 모델의 예측 오차를 줄여가는 방편이 될 수 있을 것이다.

3장

복수의 모델을 사용할 때

1. 강수 강도의 불확실성

모델의 예측 불확실성은 초기 조건뿐만 아니라 물리 과정의 계산에서 비롯한다는 점을 상기하자. 단일 모델의 앙상블에서는 비록 초기 조건은 다르더라도 똑같은 모델로 계산하므로, 물리 과정의 계산 불확실성을 고려하기 어렵다. 기압계 패턴이 초기 조건에는 민감하지 않고 대신 물리 과정에 따라 예측 결과가 크게 변동한다면, 초기 시점에 따라 모델 예측 결과가 일관성을 보인다 하더라도 그 예측 결과를 믿기 어렵다. 예를 들면 겨울철 대륙 고기압이 확장하며 서해 상에서 발달하는 중규모 눈구름대는 기상 조건에 따라 미세 물리 과정이 작용하며 다양한 형태를 취하는데, 모델에서는 초기 조건을 충분히 보강하더라도 이 구조를 자세히 모의하는 데 한계가 있다.

한편 서로 다른 기상센터에서 제공하는 예측 자료는 각각 다른 초기 조건과 다른 물리 계산 과정에서 비롯한 것이다. 따라서 다른 기상센터에서 예측한 결과를 종합하면 모델의 초기 조건뿐 아니라 계산 과정에서 관여하는 오차 요인을 함께 고려할 수 있게 된다. 다만 서로 다른 모델이 다른 예측 결과를 보일 때, 그 차이가 어디서 연유한 것인지 파악하기가 더욱 힘들어지는 문제도 안고 있다. 앞서 하나의 모델을 가지고 여러 시점의 예측 결과를 비교할 때는 초기 조건의 차이만 살피면 되지만, 모델이 달라지면 계산 과정의 차이도 살펴야 하기 때문이다. 인터넷을 조회하면, 한국 기상청 외에도 미국 기상청, 미 해군 기상센터, 유럽 중기 예보센터의 강수 예상도를 찾아볼 수 있다. 그 외 다른 기상센터의 홈페이지에서도 추가로 강수 예상도를 구할 수 있다. 특정 지역에 대해 여러 기상센터의 예측 강수량을 평균하면 손쉽게 소위 '저렴한 앙상블(poor man's ensemble)'을 구성할 수 있다.

　물론 대부분의 유수 기상센터에서는 하나의 모델을 가지고서 체계적으로 초기 조건과 계산 과정의 불확실성을 모의하여 앙상블 예측 자료를 산출해낸다. 초기 조건의 불확실성은 인위적으로 다양한 초기 조건을 구성하여 접근하고, 계산 과정의 불확실성은 각 초기 조건에서 출발하여 모델이 계산하는 과정에 인위적인 힘(stochastic forcing)을 가해 모의한다. 통상 초기 조건의 앙상블을 인터넷으로 공개하는 기관은 그리 많지 않다. 예외적으로 미 해군 기상센터와 미국 기상청은 각각 앙상블 예측 자료를 제공하고 있다. 유럽 중기 예보센터는 앙상블 예측 자료를 좀 더 가공하여 위험 기상

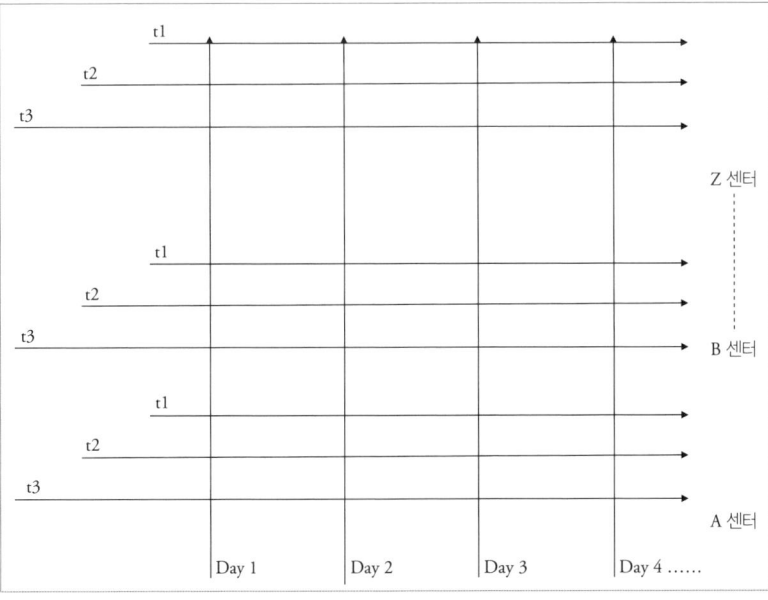

Fig. 7.5 서로 다른 기상센터 A, B, …, Z에서 각각 계산한 모델의 예측 자료로 구성한 앙상블 모식도. 센터별로 시점(t1 > t2 > t3)을 달리하여 각각 계산한 모델 결과의 다발을 고려하면, 총 9개의 모델 예측 시나리오가 나타나 있다. 모델의 수가 늘어나고, 모델별로 초기 시점의 수가 늘어나면, 상응하여 전체 예측 시나리오의 개수도 늘어나게 된다. 가로축은 모델의 계산 흐름, 세로축은 모델의 목표 시점이다.

지수(extreme forecast index)도 시범적으로 제공하고 있다. 이하에서는 주로 '저렴한 앙상블' 자료의 해석 방법에 초점을 맞추었지만, 일반적인 사항을 다루고 있어서 초기 조건의 앙상블을 비롯하여 어떠한 예측 시나리오의 조합이라 하더라도 응용 범위가 제한되지는 않을 것이다.

    모델의 계산 과정은 크게 대규모 운동계를 다루는 역학 과정과 더 작은 규모의 운동계를 다루는 물리 과정으로 나누어진다. 일반적으로 물리 과정은 역학 과정보다 계산 과정이 복잡하고 계산 오차도 크다. 물리 과정 중에서도 구름 물리 과정이 복잡하고 계산 오차도 크다. 구름 물리 과정 중에서는 층운형 강수 과정보다는 적운형 강수 과정의 계산 오차가 크다. 따라서 기압계 여건이 적운형 강수에 의해 좌우되는 비중이 커질수록 다른 모델의 결과를 참고해야 할 필요성도 커진다. 계절적으로는 겨울철보다는 여름철에 적운형 강수가 빈번하다. 온대 저기압에 의한 강수 패턴에서도 온난 전선보다는 한랭 전선에 동반한 강수가 적운에 의해 유발될 가능성이 크다. 두 전선 사이에 놓인 난역의 강수도 적운형 강수의 가능성이 크다. 태풍의 중심부와 나선형 강수대는 전적으로 적운형 강수다.

    구름 강수 과정은 대기 복사와 경계층의 물리 과정에도 영향을 미친다. 경계층 상부의 역전층의 강도, 적운에 의한 하강 기류와 한기역의 작용에 대해서도 모델마다 기상 상황마다 계산 결과도 다르고 오차의 특성도 다르다. 구름에 햇빛이 가려진 지역과 주변의 맑은 지역에는 차등 가열에 의한 국지적 상승 기류가 유발된다. 지면의 알베도나 토양 수분의 함유 정도에 따라 대기 중에 유입하는 열과 수증기 플럭스가 달라진다. 특히 장마 전선이나 지면 경계면에서 발생하는 적운 세포의 운동은 역으로 전선대나 경계면의 위치나 강도의 변화를 불러온다. 이는 적운 군집체와 대규모 운동계 간의 상호작용 결과로서 물리 과정에 따른 불확실성이 높은 현상으로 분류할 수 있다.

강수 강도는 대규모 기상 조건뿐 아니라 물리 과정의 영향을 많이 받으므로, 강수량의 예측 신뢰도를 높이기 위해서는 물리 과정의 불확실성을 대변할 수 있는 예측 시나리오 표본을 구성해야 한다. 적운형 강수가 지배하는 상황에서는 수치 모델의 예상 강수량도 Fig. 4.4와 같이 군데군데 황소 눈과 같은 고립된 구조를 보인다. 광범위한 영역에 걸쳐 층운형 강수가 배경에 깔렸을 때도, 강한 강수 지역은 고립된 모습을 보이는 때가 자주 있다. 대규모 기압계가 지배하는 강수 패턴에 대해서는 모델별로 차이가 있다 하더라도 서로 합치하는 영역이 있게 마련이고, 모델 강수량의 평균이 나름대로 의미가 있다. 반면 국지적인 힘이 작용하는 강수 패턴에서는 모델마다 예상 위치나 시점이 매우 다르므로, 이것들의 평균을 취하더라도 별 소용이 없게 된다(WPC, 2006). 이런 때는 개별 모델의 예측 강수량을 각기 살펴보고, 단순하게 여러 모델의 예측 강수량의 평균을 취할 것이 아니라, 이중 가능성이 큰 하나를 선택하되 대신 발생 가능성에 대한 불확실성의 크기는 늘려 잡을 필요가 있다. 또 다른 극단으로 모델마다 예측 결과가 비슷하여, 물리 과정의 불확실성을 충분히 모의하지 못하는 경우도 있다. 이런 때는 현시점에서 여러 모델의 예측 결과를 종합할 뿐만 아니라, 이전 시점의 모델 예측 자료를 함께 고려해보는 것이 안전하다(Persson, 2015). 다양한 예측 결과를 살펴볼 처지가 못 된다면, 평소보다도 모델의 예측 결과에 대한 불확실성의 크기를 훨씬 늘려 잡는 것이 방책이다.

2. 고해상도 모델의 활용

모델의 시·공간 해상도가 높아지면 그만큼 국지적인 예보 내용도 정교해진다. 지형 효과를 비롯한 지역적인 강수 특성을 반영하는 만큼, 지역별로 차별화된 강수 예보를 내는 데 도움이 된다. 또한 태풍과 같이 중·소규모 운동계와 대규모 운동계가 긴밀하게 상호작용하는 기상 현상에 대해서는 해상도가 높아지면서 예측 정확도도 향상된다. 한편 구름 물리 과정에 대한 모델의 모의 능력은 근본적인 한계가 있으므로, 아무리 해상도가 높아지더라도 모델의 강수 예측 불확실성은 쉽게 해소되기 어렵다. 따라서 될 수 있는 대로 고해상도 모델을 활용하더라도, 모델의 예측 불확실성을 보완할 수 있는 장치가 필요하다.

매년 슈퍼컴퓨터의 계산 속도가 향상되면서, 전 세계 주요 기상센터의 모델 해상도도 꾸준히 나아지는 추세다. 따라서 기술 수준이 우수한 기상센터를 먼저 고르고, 그 안에서도 가능하면 해상도가 높은 모델의 예측 자료를 우선 참고하는 것이 유리하다. 하지만 고해상도 모델은 계산 시간이 많이 소요되기 때문에, 예측 시나리오 표본이 적어지는 단점을 보완해야 한다. 이전 시점의 고해상도 모델 예측 자료를 참고하거나, 비록 해상도는 떨어지더라도 다른 저해상도 모델의 예측 자료를 함께 활용하여 예측 불확실성에 대비하는 것이 차선책이다. 고해상도 모델 예측 자료와 저해상도 모델 예측 자료를 적절히 배합하여 활용하는 방식에 따로 정해진 원칙은 없다. 전문가마다 각기 모델을 활용해 본 경험을 토대로 나름대로 주관적인 지침을 쓰고 있는 형편이다. 예를 들어 유럽 중기 예보센터의 모델 자료 활용 가이드에는 고해상도 모델(HM)과 저해상도 모델(LM) 앙상블의 예측 패턴을 몇 개로 분류하고, 패턴별로 대응 방식을 제시하고 있다(Persson, 2015).

먼저 임의의 예측 변숫값 에 대하여, 편의상 여러 개의 초기 조건 시점에 따른 고해상도 모델의 예측값 평균과 변동성을 각각 $\overline{X}_{HM}$와 $\overline{X'^2}_{HM}$이라고 정의하자.

$$\overline{X}_{HM} = \frac{1}{I}\sum_{i=1}^{I} X_{HM}^{i}, \tag{11a}$$

$$\overline{X'^2}_{HM} = \frac{1}{I}\sum_{i=1}^{I} (X_{HM}^{i} - \overline{X}_{HM})^2, \tag{11b}$$

여기서 i는 초기 조건의 시점, I는 시점의 개수, 상단 프라임은 평균에 대한 편차이다. 식 (11b)는 통계적으로 '분산'을 나타내지만, 편의상 '변동성'으로 정의하여 예측값의 변동 폭을 나타내는 지표임을 강조해 보았다. 여기서 변동성이란 예측 시나리오별로 특정 변숫값이 얼마나 달라지는지를 나타내는 척도로서, 평균 제곱 오차로 측정한다. 목적에 따라 변수는 단순하기도 하고 복잡하기도 하다. 특정 지점의 강수 사상을 다룬다면, 지점 강수량을 변수로 삼고, 앙상블 변동성을 지점 강수량의 범위를 추정하는 데 쓰게 될 것이다. 예보 대상이 넓어져 특정 지역의 강수 사상을 다룬다면, 이번에는 주 강수 지역과 시점, 최대 강수량을 각각 변수로 삼아, 앙상블 변동성을 통해서 주 강수 지역과 시점의 불확실성 정도와 최대 강수량의 오차 범위를 추정하게 될 것이다.

저해상도 모델의 앙상블 평균과 변동성, $\overline{X}_{LM}$와 $\overline{X'^2}_{LM}$도 식 (11a)와

(11b)와 같은 방식으로 정의할 수 있다. 다만 저해상도 모델의 앙상블에서는 구성 원소와 평균의 의미는 달라진다. 식 (11a)와 (11b)에서 i는 i번째 앙상블 집합의 원소, I는 원소의 개수, 상단 프라임은 앙상블 평균에 대한 편차이다. 앙상블 집합의 원소는 다른 기상센터의 결정론적 모델을 조합하여 구성하기도 하고, 아니면 하나의 모델에서 초기 조건을 조금씩 다르게 하여 출발한 예측 자료의 조합으로 구성하기도 한다.

고해상도 모델 앙상블과 저해상도 모델 앙상블 각각에 대하여 평균과 변동성을 먼저 구한 다음, 양 앙상블 간에 대소를 따져본다면, Fig. 7.6에 제시한 바와 같이, 크게 3개의 패턴으로 나누어 볼 수 있다. 즉, 평균과 변동성이 모두 비슷한 경우, 평균은 비슷하나 변동성이 다른 경우, 평균과 변동성이 모두 다른 경우다.

첫째, 고해상도 모델 앙상블과 저해상도 모델 앙상블 간에 평균과 변동성이 각각 비슷하여 $\overline{X_{HM}} \simeq \overline{X_{LM}}$, $\overline{X'^2}_{HM} \simeq \overline{X'^2}_{LM}$ 인 경우다. 만약 고해상도 모델의 변동성이 크지 않다면, 가장 최근의 고해상도 모델 예측 자료를 활용해도 무방하다. 하지만 고해상도 모델의 변동성이 크다면 그만큼 예측 불확실성이 높으므로, 최근 2~3시점의 고해상도 모델 예측 자료를 고루 살펴보는 것이 안전하다.

둘째, 고해상도 모델 앙상블과 저해상도 모델 앙상블 간에 평균은 비슷하여 $\overline{X_{HM}} \simeq \overline{X_{LM}}$ 이지만 변동성은 서로 다른 경우다. 만약 고해상도 모델의 변동성이 작아 $\overline{X'^2}_{HM} < \overline{X'^2}_{LM}$ 이라면, 최근의 고해상도 모델 예측 자료를 주로 참고하더라도, 초기 조건에 대한 민감도가 높으므로, 저해상도 모델의 다른 시나리오를 고려하여 대비하는 것이 필요하다. 반면 고해상도

모델의 변동성이 커서 $\overline{X'^2}_{HM} > \overline{X'^2}_{LM}$ 이라면, 고해상도 모델 예측 자료를 믿기 어려우므로 저해상도 모델 앙상블의 평균장을 주로 참고하되 고해상도 모델의 예측 자료를 통해 지역적 분포를 정교하게 보정할 필요가 있다.

셋째, 고해상도 모델 앙상블과 저해상도 모델 앙상블 간에 평균과 변동성이 각각 달라, $\overline{X}_{HM} \neq \overline{X}_{LM}$, $\overline{X'^2}_{HM} \neq \overline{X'^2}_{LM}$ 인 경우다. 이때는 고해상도 모델과 저해상도 모델의 예측 자료를 각기 다른 시나리오로 보고, 이것들을 모두 고려하여 예측 시나리오를 구성한다. 여기서는 고해상도 모델 예측 자료도 여러 시나리오 중 하나에 그친다. 저해상도 모델 앙상블의 변동

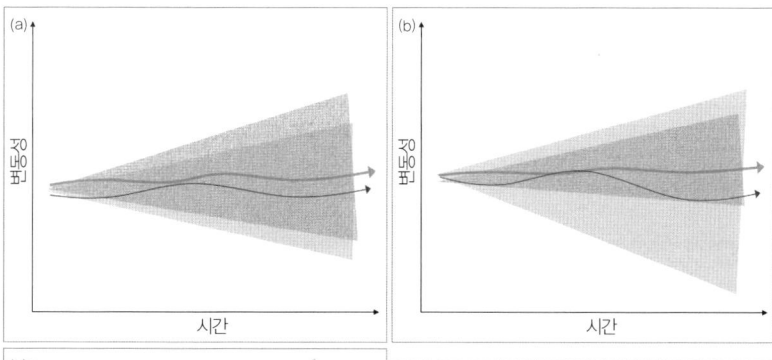

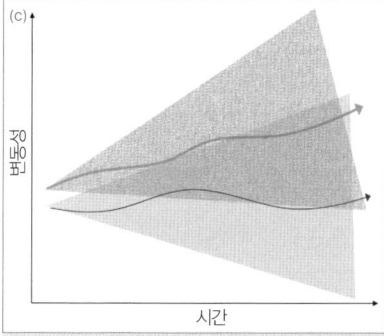

Fig. 7.6 저해상도 모델 앙상블과 고해상도 모델 앙상블의 변동성에 대한 3가지 유형의 모식도. (a) 앙상블의 평균과 변동성이 서로 비슷한 경우. (b) 앙상블의 평균은 비슷하나 변동성이 다른 경우. (c) 앙상블의 평균과 변동성이 모두 다른 경우. 임의의 예측변수 X에 대하여 앙상블 평균($\overline{X}$)과 변동성($\sqrt{\overline{X'^2}}$)은 각각 실선 화살표와 채색 영역으로 표시하였다. 저해상도 모델은 연한색, 고해상도 모델은 진한색으로 각각 표시하였다. 이를 계산하는 방법은 본문의 식 (11a), (11b)에 제시하였다. 다만, 평균과 변동성의 단위를 맞추기 위해 본문의 변동성 정의에 제곱근을 취하였다.

저해상도 모델의 앙상블은 초기 조건과 물리 과정을 다르게 설정하여 각각 계산한 예측 시나리오로 구성한다. 고해상도 모델의 앙상블은 서로 다른 시점의 초기 조건에서 출발하여 고해상도 모델로 각각 계산한 예측 시나리오로 구성한다.

성이 크다면, 고해상도 모델의 전 시점의 예측 자료까지 고려하여 앙상블 예측 표본의 개수를 크게 늘려 잡는 것이 필요하다.

3. 드문 시나리오의 취급

이상적으로 가능한 한 많은 예측 시나리오를 참고할 수 있다면, 통계 표본이 늘어난 만큼 특정 시나리오로 전개될 확률 분포가 정교해진다. 만약 M개의 모델에서 각각 T개 시점의 예측 자료를 산출했다면, 총 예측 시나리오의 개수는 $N = M \times T$개가 된다. N이 최소한 100개는 넘어야 통계 분석의 신뢰도가 높아진다는 보고도 있다. 앙상블의 규모가 커지면 컴퓨터의 힘을 빌려야 해석할 수 있다. 전체 시나리오 안에서 특정한 시나리오가 10번이 나타났다면, 그 시나리오가 나타날 확률은 10/100=0.1 또는 10%가 된다. 물론 이러한 결론은 어디까지나 N개의 시나리오가 상호 독립적이라는 전제가 있어야만 가능하다.

한편 N이 10개 이내라면 주관적으로도 분석할 수 있다. 직업적인 전문가가 아니라면 통상 2개의 모델을 사용하되, 평소에는 이 중 하나의 모델을 주 모델로 삼고 여기에 집중해도 무방하다. 하루 또는 12시간 간격으로 이어진 초기 조건의 예측 자료를 5개 정도는 상시 머릿속에 넣고 예측 기류의 흐름을 주시한다. 예측 자료의 추세가 특정한 방향으로 수렴해 가는지, 아니면 변동성이 커지는 것인지를 살펴본다. 모델 자료에 대한 확신의 정도를 결정한다. 주 모델의 변동성이 커지거나, 이론적으로 예측 불확실성이 높은 기압계 패턴에 진입하면, 보조 모델을 참조하여 주 모델이 갖는 불확실성의 한계를 보완한다.

주 모델의 5개 시점에 대한 예측 자료에서 4번은 A 패턴이고, 한번은 B 패턴이라고 치자. 그런데 A 패턴은 강수량이 적고, B 패턴은 강한 호우를 동반하고 강수량도 많다고 하자. 발생 확률은 A 패턴이 80%, B 패턴은 20%에 불과하다. 둘 중 하나를 선택하기 위해서는 또 다른 관점의 사고가 필요하다. 각각의 패턴이 미치는 사회 경제적 영향의 크기다. 패턴의 발생 확률에 영향의 정도를 곱하면 위험(risk) 수준을 알 수 있다. 사회 경제적 손실을 줄이려면 위험 수준이 높은 패턴에 주목하여 대비하는 것이 합리적이다. 위 사례에서 A 패턴의 사회 경제적 손실은 1단위이고, B 패턴은 10단위라면, A 패턴의 위험 수준은 1×0.8=0.8단위이고, B 패턴의 위험 수준은 10×0.2=2단위이다. B 패턴은 드물게 일어나는 사례지만, 일단 일어나면 피해가 크기 때문에 무시할 수 없다는 결론이 나온다. 기상 실무에서는 위험 매트릭스(risk matrix)라는 도표 위에 한 축은 발생 확률, 다른 축에는 사회 경제적 영향의 크기를 놓고, 발생 확률과 영향의 크기를 곱한 값이 일정 기준값을 넘어서면 위험 기상에 대한 특보를 발령한다(WMO, 2015). 손실의 위험을 최소로 하는 대신, 이득의 가치를 최대로 하는 기준으로 삼아도 같은 결론에 도달한다.

한편 최근 모델 예측 자료들이 한결같이 동일한 예측 시나리오에 수렴하는 경향을 보인다면 예측의 신뢰도가 높다는 유혹과 확신에 빠지기 쉽다. 현재의 과학 기술 수준으로는 '가능한 모든 시나리오'를 제시하기 어렵다는 점을 항상 기억할 필요가 있다(Parker, 2010). 다시 말해 예측 시나리오의 확률 분포를 제대로 파악하기 어렵다는 것이다. 웬디 파커는 앙상블 방법을 현재 드러난 불확실성에서 미래의 불확실성을 도출하는 것으로 정의하면서, 이 방법이 신뢰를 얻기 위해서 2가지로 접근할 수 있다고 보았다.

첫째, 연역적 접근이다. 앙상블을 어떻게 설계하느냐에 따라 신뢰도가 달라진다는 것이다. 현실적으로는 초기 조건이나 모델을 다양하게 조합하여 예측 시나리오를 구하게 되지만, 이상적인 경우의 수를 모두 고려하기 어렵다는 것이다.

둘째, 귀납적 접근이다. 앙상블 시나리오가 과거 사례에 대해 보여주는 신뢰도를 개선해 간다면 미래에 대한 예측 시나리오의 신뢰도도 일정 수준 이상으로 높여갈 수 있다는 것이다. 단·중기 예측 모델이나 기후 예측모델을 조합하여 연구한 앙상블 연구 결과가 이를 입증해보려 하지만, 아직 갈 길이 멀다.

8부

지상 일기도의 한계

1장
다층 분석이 필요한 기압계 패턴

PRECIPITATION FORECAST

기압계 패턴은 강수의 물리적인 원인을 이해하는 데 실마리를 제공한다. 지상 일기도에 나타난 해면 기압의 분포는 머리 위의 공기 기둥에서 일어나는 대기 운동을 총체적으로 파악하는 데 유용하다. 그러나 해면 기압은 연직 대기의 평균적인 성질을 대표하기 때문에, 상·하층 대기 흐름의 차이를 구분해 주지 않는다. 강수량 예보의 핵심 인자도 중층이나 상층의 대기 흐름에 따라 영향을 받으므로, 지상 일기도만으로는 핵심 인자를 해석하는 데 한계가 있다. 특히 강수 효율과 상승 기류가 지상 기압계에서 유추하기 까다로운 핵심 인자에 속한다.

첫째, 수증기량은 하층에 많이 몰려있기 때문에, 상층의 기압계를 보지 않더라도 지상 기압계의 바람장을 통해서 어느 정도 이해할 수 있다.

둘째, 상승 기류도 대규모 기압계가 지배할 때는 온대 저기압과 전선의 개념 모델을 통해 대체로 이해하기 쉽다. 지형적으로 유도되는 상승 기류도 지상 기압계의 바람장을 통해서 어느 정도 유추해 볼 수 있다. 한편 대기 불안정으로 유발되는 적운형 상승 기류는 지상 기압계만으로 파악하는 데 상당한 한계가 따른다.

셋째, 강수 효율은 지상 기압계로 미루어 짐작하기 가장 어려운 핵심 인자이다. 강수 효율을 좌우하는 바람 시어, 수증기층의 두께, 대기 불안정도 모두 상·하층의 기상 상태를 모두 파악해야만 이해 가능한 변수이기 때문이다.

넷째, 강수 지속 시간은 수증기장이나 상승 기류와 마찬가지로 대규모 기압계가 지배할 때는 지상 일기도를 통해서 어느 정도 이해할 수 있다.

신속하게 기상 상황을 파악해야 하거나 분석 시간이 부족할 때는, 개념적 모델, 계절적 특성, 최근 날씨의 추이 등을 복합적으로 활용하여 지상 일기도가 갖는 문제점을 보완할 수 있을 것이다. 부득이 모델이 예측한 고층 일기도를 검토해야만 한다면, 앞서 Table 1.1의 웹사이트를 찾아가 대기 중층 500hPa 등압면 예상 일기도를 조회하면 된다. 좀 더 시간적인 여유가 있다면 하층 850hPa이나 상층 200hPa 또는 300hPa 등압면 예상 일기도를 참고하는 것이 도움될 것이다.

핵심 인자와 맞물려 지상 일기도만으로는 모델의 예측 강수량을 해석하기 어려운 기압계 패턴이 있다. 상층의 대기 흐름이 기상 상황을 주도하거나, 역학적 강제력이 약하거나, 대기가 불안정하여 적운형 강수가 지배적인 기압계 패턴이 여기에 속한다. 이하에서는 각 기압계 패턴별로 지상 일기도의 한계와 추가 분석의 시사점을 제시해 보았다.

2장
상층의 대기 흐름이 상황을 주도할 때

1. 차가운 저기압과 따뜻한 고기압

우선 상층의 강제력이 기상 상황을 지배하는 때는 지상 일기도만 가지고 강수의 원인과 모델의 오차 특성을 파악하는 데 어려움이 따른다. 차가운 상층 저기압은 지상 부근에서는 그 흔적이 희미하게 나타난다. 기층의 기온이 낮으면 기층의 두께가 얇어진다. 따라서 상층에서는 저기압이 깊게 팬다 해도 중·하층의 기온이 낮다면 기층의 두께가 상대적으로 주변보다 얇으므로 자연히 지상으로 내려올수록 저기압도 희미해진다. 따라서 지상 일기도에 나타나는 기압계 패턴만으로 상층의 흐름을 파악하는 데 한계가 있다. 한기를 동반한 상층 저기압이 접근하면, 연직으로 대기가 불안정해져, 소낙성 강수가 내리기 쉽다. 모델에서는 상층과 하층의 기압계 패턴을 모두 고려하여 강수량을 계산하기 때문에 적운형 강수량을 분석해 내지만, 지상 일기도에서는 상층의 대기 흐름에 대한 정보를 따로 표시하지 않는 이상, 강수의 물리적 원인을 직접 진단하기가 쉽지 않다.

더구나 상층 저기압은 일반적인 온대 저기압과는 달리 온난 컨베이어 벨트가 남북으로 길게 뻗쳐있지 않아, 하층에서 수증기가 유입할 기회가 적다. 강수량도 많지 않고 산발적으로 분포하는 경우가 많아, 지상 기압계 패턴을 보고 모델의 강수 오차 특성을 분별하기란 쉽지 않다.

한편 따뜻한 상층 고기압도 지상으로 내려오면서 그 세기가 점차 약해진다. 따뜻하면 기층이 두꺼워지므로, 상층의 고기압은 지상으로 내려올수록 평평해지거나 심지어는 기압골의 형태를 취하기도 한다. 여름철 북태평양 고기압은 기온이 높아, 키가 큰 고기압의 형태를 취한다. 따라서 지상보다는 상층에서 고기압의 형태가 더 뚜렷하고, 기압계의 세력과 범위를 파악하기도 쉽다. 고기압 가장자리에서 띠 모양의 집중호우가 종종 나타나기 때문에 고기압의 경계를 구별하는 것은 일차적인 관건이다. 강수가 집중성을 보일 때는 기압계의 미세한 차이에도 대기 불안정에 의한 강수대의 위치는 크게 달라진다. 계절적 요인과 최근 강수 패턴 동향 외에도 개념적 모델을 참고하여, 모델이 보여주는 강수 분포가 북태평양 고기압 가장자리의 집중호우 패턴이라는 확신이 서면, 고기압 세력의 예측 변동성을 고려하여 모델 강수대의 위치와 강도를 보정하면 된다.

2. 날리는 눈

겨울철에 저기압이 통과한 후에는 찬 대륙 고기압이 남하하며 찬 공기가 서해를 지나면서 눈구름이 만들어져 내륙으로 진입하는 경우가 종종 나타난다. 주로 서해안 지방에 장기간 눈이 내리게 된다. 그런데 상층에서 깊은 기압골이 접근할 때는 지상에서는 북북서풍이 불더라도 상층으로 갈수록 점차 서풍으로 풍향이 바뀌게 된다. 키가 작은 구름에서 만들어진 눈은 중·하층의 바람에 날려 일부는 서풍을 타고 내륙 깊숙이 침투하게 된다. 지상 일기도와 하층 풍계만 보면, 중층의 바람을 알지 못하는 여건에서, 강설의 범위를 해안 지역에만 묶어두는 오류를 범할 수도 있다. 모델에서는 이 같은 지형성 강설의 내륙 침투 패턴을 비교적 잘 모의하는 편이다. 따라서 지형성 강설임에도 불구하고 지상 기압계보다 모델의 강설 범위가 내륙으로 많이 침투한다면, 필경 중·상층 기류의 방향이 좀 더 서풍으로 역회전(backing)하는 경우일 것으로 짐작해 볼 수 있다.

3. 상층 골과 강설

상층 골이 우리나라를 지나가게 되면, 골이 이동해 가는 전방에는 하층에서 약한 기압골이 상층 골과 짝을 이루어 함께 이동해가는 경우가 보통이다. 상층과 하층의 기압골은 상호작용하며 하나의 시스템을 구성하기 때문이다. 하지만 겨울철에는 원체 대륙 고기압의 세력이 강해서 약한 기압골은 대륙 고기압의 세력에 파묻혀 지상 일기도에서 그 흔적을 육안으로 구별하기 쉽지 않다. 약한 기압골에 동반된 구름대에는 강수량도 적고, 지상 기온이 빙점보다 다소 높아지면, 빗방울이 감지되는 정도에 불과하다. 하지만 산지에서는 기온이 빙점보다 낮아 눈이 쌓일 조건이 된다. 모델에서는 이러한 산간형 강설 패턴을 비교적 잘 모의하는 편이다. 다만 지상 기압계만으로는 상층 골의 동태를 파악하기 어려워, 지상 일기도에 그려진 예상 강설을 물리적으로 이해하는 데 한계가 있다.

겨울철 약한 상층 골이 서해 상을 건너온다면 해수와의 상호작용으로 키가 작은 구름이 서해 상에 만들어져, 서해안 지역에 한두 시간 동안 함박눈이 내리기도 한다. 한편 발달한 저기압이 성숙 단계에 들어서면, 저기압의 북서쪽에서는 중·하층의 폐색 전선면 위에서 난기가 시계 반대 방향으로 강하게 한기 위로 활승하면서 많은 눈이 내리기도 한다(Martin, 1999). 모델에서는 이러한 강설 패턴을 대체로 무난하게 소화해낸다. 개념적 모델과 최근 강설 패턴을 숙지한다면, 지상 일기도 안에서도 모델 적설의 원인을 해석할 수 있을 것이다.

3장

역학적 강제력이 약한 때
PRECIPITATION FORECAST

하층 기압계뿐만 아니라 상층 기압계에서도 뚜렷한 패턴이 보이지 않는데도 모델이 예상 강수량을 그려내는 경우가 있다. 대개 강수량은 적은 편이다. 하지만 봄이나 가을철 건조기에는 한동안 뜸하다가 비가 조금이라도 내리면 야외 활동에 민감한 영향을 줄 수 있다. 또한 겨울철에는 적은 양의 강수도 2~3cm의 적설로 쌓일 때가 있고, 특히 출·퇴근길에 갑자기 눈이 쌓이면 사회적으로 상당한 불편을 초래한다. 지상 부근의 안개도 굳이 강수량으로 치면 매우 작은 양에 불과하지만, 때로는 짙은 시정 장애를 유발하여 교통 혼잡과 항공기 결항으로 이어지기도 한다.

지상 부근에서 전선은 등온선이 조밀하게 모여 한란의 대치가 심한 경계선이다. 지상 일기도에는 주로 등압선만 그려져 있으므로 전선의 위치는 등온선 분석 자료나 중하층의 기압계를 함께 보지 않고는 추정하기 쉽지 않다. 모델은 대규모 기압계의 분석과 계산을 통해, 전선에 의해 유도되는 상승 기류와 강수량을 대체로 충실하게 모의한다. 따라서 모델이 그려낸 예측 강수량의 분포와 주변 기압계를 전선의 개념적 모델과 비교해보면서 전선의 대략적인 위치를 역으로 추정해 볼 수 있을 것이다.

저기압 개념 모델

저기압 주변에 강수량이 예측되어 있다면 전선성 강수일 가능성을 먼저 조사해 보는 것이 순서다. 저기압 개념 모델에 근거해서, 온대 저기압의 중심축에서부터 '八'자 모양으로 이어진 온난 전선이나 한랭 전선에서 비롯한 강수대 인지를 따져보는 것이다. 하지만 전선대와 멀리 떨어진 곳에서 강수가 예측되어 있다면, 대기 불안정에 따른 강수인지를 의심해 볼 필요가 있겠다. 특히 여름철에는 전선의 강도가 미약하고 적운형 강수가 큰 비중을 차지하기 때문에, 모델의 예측 강수량 분포도에서 전선성 강수를 구분하기가 쉽지 않다.

약한 전선면 위로 활강

역학적 강제력이 약할 때는 주변에 기압골이나 저기압이 분석되지 않는데도 모델이 예측 강수량을 그려내는 경우가 있다. 더구나 대기 불안정도 강하지 않다면, 우선 약한 전선성 상승 기류를 생각해 볼 수 있다. 등온선이 조밀한 구역에서 기류가 수렴하게 되면, 기압골이 뚜렷하게 드러나지 않더라도 전선이 강화될 수 있는 조건이 갖추어진다. 난기가 약하게 한기 위를 활강(overrunning)한다면 이슬비처럼 약한 층운형 강수가 가능하다. 통상 층운의 운저가 지상에서 300m 고도 이내에 있고, 구름과 지면 사이의 온도와 노점 온도 차이가 2° 미만이어야, 강수가 낙하하는 중에 증발하더라도 일부가 남아 지상에 떨어질 수 있다(Met Office College, 2004).

하층의 수증기 수렴

대기가 매우 습한 조건이라면 한기와 난기가 만나는 전선면이 아니더라도 기류가 수렴하는 곳에 약한 강수가 내리거나 지표 부근에 안개가 낀다. 모델은 일반적으로 연직 해상도가 낮고 하층 대기의 연직 구조를 충분히 분해하지 못해, 하층운, 안개, 약한 강수를 각각 구분하는 데 한계가 따른다. 따라서 모델의 예측 강수량을 해석할 때, 전선이나, 대기 불안정에 기인한 것으로 이해하기 어려운 경우라면, 약한 하층 수렴 기류에 동반한 강수나 안개나 하층운이 아닌지 따져보아야 한다(UKMet, 2012).

4장

대기가 불안정한 때
PRECIPITATION FORECAST

연직 불안정도는 문자 그대로 기온과 습도의 연직 구조를 분석해야만 자세하게 진단할 수 있다. 지상 일기도의 기압 패턴만으로는 연직 불안정과 관련된 적운형 강수를 이해하는 데 상당한 한계가 있다. 중규모 기상 전문가인 피터 바나코스와 데이비드 슐즈는 지상 부근의 기류 수렴이 적운 발생의 주요 지표라는 점을 강조하면서도, 중·상층의 기상 조건을 함께 분석하지 않고서는 적운 발생을 예상하기 어려운 패턴을 3가지로 압축하여 제시한 바 있다(Banacos and Schultz, 2005).

첫째, 경계층에서는 수렴 기류가 나타나지만, 그 위에는 하강 기류가 놓여있어 역전층이 강하게 상승 운동을 억제하는 경우다.

둘째, 지상 부근에 수렴 기류가 존재하지만, 불연속면이 크게 기울어져 실제 적운의 발생 위치는 지상 위의 수렴선을 크게 벗어나는 경우다.

셋째, 경계층에서는 수렴 기류가 미약하지만 대신 경계층 위로 강한 수렴 기류가 나타나는 경우다. 덧붙여서 적운형 강수는 국지성이 강해서, 방아쇠 요인으로 작용하는 수렴 기류가 지상 관측망에는 잘 드러나지 않는 경우도 적지 않다.

하지만 강수 현상의 계절적 기후 특성을 이해하고, 기압계에 따른 강수 패턴을 숙지한다면, 지상 기압계와 강수 예상도만 살펴보더라도 대기 불안정에 의한 강수 패턴을 어느 정도 식별할 수 있을 것이다. 예를 들면 여름철 장마 전선이 북쪽으로 물러간 후 북태평양 고기압의 가장자리에서 일어나는 적운형 호우 패턴은 지상 기압계만 보더라도 구분해 낼 수 있다. 모델의 적운 강수 계산 과정을 조사하지 않더라도, 모델이 예측해 놓은 강수 분포의 물리적 원인을 추측할 수 있다. 또한, 초여름 오호츠크 해 고기압이

동해 북부 해상에서 동해안과 인근 내륙으로 확장해 오면, 일사로 조금만 지면이 덮여도 소나기가 내리기 쉽다. 모델의 예측 강수량 분포도를 보고서 소나기의 내륙 침부 범위와 시점을 정확히 예측하기는 어렵겠지만, 적어도 소나기의 물리적 원인을 이해하는 데는 별 지장이 없을 것이다.

한편 하층 강풍대가 발달하면서 경계층 위로 강한 하층 수렴 구역에 나타나는 적운형 강수(elevated convection)나, 중층에서 건조 공기가 유입하며 빠르게 전방으로 돌진하는 한랭 전선형 강수, 연직 불안정과 연직 시어의 조합으로 다양하게 나타나는 중규모 시스템에 대해서는 모델의 예측 강수량 분포도나 지상 기압계만으로는 이해하기 어렵다. 기상레이더 영상과 기상위성 영상, 상층 일기도를 종합적으로 분석해 봐야만 모델이 예측한 강수의 물리적 원인을 어렴풋이나마 이해할 수 있게 될 것이다.

부록

강수량 핵심 인자

대규모 기압계에서 Fig. 2.1과 같이 물리적으로 동질적인 힘이 작용하는 원통을 생각하자. 원통의 반경은 a이고, 개개의 비구름 조직과 소규모 운동계가 차지하는 영역은 a보다 훨씬 작다고 가정한다. 이제 수증기량 q_v, 수적량 q_c, 바람의 수평 성분 벡터 $\boldsymbol{v}$, 바람의 연직 성분 w를 각각 대규모 운동계의 성분과 난류의 성분으로 구분하자.

$$q_v = \overline{q_v} + q_v'$$
$$q_c = \overline{q_c} + q_c'$$
$$\boldsymbol{v} = \overline{\boldsymbol{v}} + \boldsymbol{v}'$$
$$w = \overline{w} + w'$$

여기서 글자 상단의 줄과 프라임은 각각 대규모 운동계의 성분과 난류의 성분을 뜻한다.

기압 p에 따른 연직 좌표계에서 대규모 운동계의 수증기량 $\overline{q_v}$와 수적량 $\overline{q_c}$에 대한 보존 방정식은 각각 다음과 같이 나타낼 수 있다(Kuo, 1974; Sui et al., 2007).

$$-\left(\nabla \cdot \overline{\boldsymbol{v} q_v} + \frac{\partial \overline{w q_v}}{\partial p}\right) - \frac{\partial \overline{w' q_v'}}{\partial p} = c - e - \left(f_{q_v} - \nabla \cdot \overline{\boldsymbol{v}' q_v'}\right) + \frac{\partial \overline{q_v}}{\partial t} \quad \text{(A.1a)}$$

$$c = r + e + \left(\nabla \cdot \overline{\boldsymbol{v} q_c} + \frac{\partial \overline{w q_c}}{\partial p}\right) + \frac{\partial \overline{w' q_c'}}{\partial p} - \left(f_{q_c} - \nabla \cdot \overline{\boldsymbol{v}' q_c'}\right) + \frac{\partial \overline{q_c}}{\partial t} \quad \text{(A.1b)}$$

여기서 $w=\dfrac{dp}{dt}$, c는 응결률, e는 증발률, r은 강수율, f는 마찰과 분산에 의한 소산율이다. 또한 난류의 제곱항에 대한 상단의 줄은 난류 성분에 대한 앙상블 평균을 뜻한다. 응결률에는 공기 중의 수증기가 포화하여 수적으로 전환하는 과정뿐 아니라 눈이나 얼음 입자에 수증기가 달라붙는 분산 과정도 포함된다. 마찬가지로 증발률에도 수적뿐 아니라 녹는 눈이나 얼음 입자가 증발하는 과정도 포함된다. 수증기량의 보존 방정식 (A.1a)의 좌변은 단위 시간당 유입하는 수증기 플럭스(flux)다. 좌변 첫 항은 평균 바람장에 의한 플럭스이고 둘째 항은 소규모 운동계의 난류에 의한 연직 플럭스다. 우변 첫 항은 응결률, 둘째 항은 증발에 의한 감소율, 셋째 항은 마찰과 분산에 의한 소산율로 수평 난류에 의한 소산 효과가 포함되어 있다. 마지막 항은 대기 중에 남게 되는 수증기량의 변화율이다. 셋째 항의 소산 효과를 무시한다면, 대규모 운동계와 연직 난류에 의해 유입한 수증기는 응결하여 수적으로 전환하지만, 일부는 다시 증발하고, 잔여분은 대기 중에 남게 된다.

수적량의 보존 방정식 (A.1b)에서 우변 첫 항은 강수율, 둘째 항은 증발률, 셋째 항과 넷째 항은 각각 평균 바람장과 연직 난류에 의해 발산하는 수적 플럭스, 다섯째 항은 마찰과 분산에 의한 소산율, 마지막 항은 대기 중에 남게 되는 수적량의 변화율이다. 셋째 항부터 다섯째 항까지 발산과 소산 효과를 무시한다면, 수증기가 응결하여 형성된 수적의 일부는 강수로 전환하여 지상으로 낙하하고, 일부는 증발하여 수증기로 전환하고, 일부는 구름 안에 수적으로 남게 된다. 식 (A.1a)와 (A.1b)에서 c와 e에는 각각 대규모 운동에 의한 효과와 난류의 효과가 함께 포함되어 있다. 만약 층운과 적운에 의한 강수량을 각각 구분하고자 한다면, c와 e에서 크고 작은 운동의 효과를 먼저 구분해야 할 것이다.

식 (A.1a)와 (A.1b)에서 a를 충분히 크게 잡는다면 수증기 수지에 미치는 난류의 효과는 대규모 운동계의 효과보다 작아지게 된다. 식 (A.1a)를 연직으로 지면 p_b에서 권계면 p_t까지 적분하자. 또한 소산 효과를 무시하면, 다음과 같이 간단하게 표현할 수 있다.

$$-\nabla \cdot [\overline{\boldsymbol{v}q_v}] - \overline{w'q_v'}|_{p_b} \approx C - E \tag{A.2a}$$

여기서 $[\ ] \equiv \int_{p_t}^{p_b} dp$ 이다. 지면과 권계면에서는 각각 $\overline{w} \sim 0$이라서, 대규모 운동계에 의한 연직 방향의 수증기 플럭스는 무시하였다. 또한 구름 상단에서 난류에 의한 연직 방향의 수증기 플럭스도 무시하였다. 편의상 $C =$ [c], $E =$ [e]로 각각 정의하였다. 또한 난류 운동을 통해 여러 차례 구름이 발달하고 쇠약하는 과정을 반복한다고 보아, 식 (A.1a)의 우변 마지막 항의 시간 변화율도 무시하였다.

식 (A.1a)와 같은 방식으로 식 (A.1b)를 연직으로 적분하고 발산과 소산 효과를 무시하면,

$$C \approx R^* + E + \left\{ \nabla \cdot [\overline{\boldsymbol{v}q_c}] + \overline{w'q_c'}|_{p_b} - \overline{w'q_c'}|_{p_t} \right\} \tag{A.2b}$$

여기서 $R^* =$ [r]이라고 정의하였다. 한편 응결률은 열역학 선도에서 포화한 습윤 공기가 상승할 때 포화 수증기압 q_{v_s}이 감소하는 비율만큼 늘

어난다(Smagorinsky and Collins, 1955). 이를 수식으로 나타내면,

$$q_v \geq q_{v_s} \text{ 일 때, } C = -\left[\frac{dq_{v_s}}{dt}\right] = -\left[w\frac{dq_{v_s}}{dp}\right] \tag{A.3}$$

$q_v < q_{v_s}$ 일 때, $C=0$

이제 강수 효율 η를 강수율과 응결률의 비례 상수라고 정의하자(Sui et al. 2005).

$$R^* = \eta C \text{ 또는 } r = \eta c \tag{A.4a}$$

강수 효율은 응결한 수적이 강수로 전환되는 효과를 나타내는 지표이다. 식 (A.4a)를 식 (A.2b)에 대입하면,

$$\eta = 1 - EC^{-1} - \left\{\nabla \cdot [\overline{\boldsymbol{v}q_c}] + \overline{w'q_c'}|_{p_b} - \overline{w'q_c'}|_{p_t}\right\}C^{-1} \tag{A.4b}$$

강수 효율은 우변 둘째 항에서 증발량이 많아질수록 낮아진다. 또한 우변 셋째 항에서 수적이 강수로 낙하하는 대신 구름을 키우는 데 사용되더라도 강수 효율은 낮아진다. 강수 효율이 최대가 되는 이상적인 경우, 즉 $\eta=1$이 되면, 응결한 수증기가 전부 강수로 낙하한다. 하지만 수적이 증발하거나 구름이 수적을 잔뜩 머금고 있으면 강수량이 줄어들고 강수 효율이 낮아진다. 강수 효율이 0이 되면, 구름이 발달하더라도 잔뜩 찌푸리기만 하고 강수는 내리지 않는다.

시구간($0,\tau$) 동안 응결률과 강수 효율이 일정하다고 가정하자. 누적한 강수량 R을 깊이의 단위로 나타내기 위해 물의 밀도 ρ_w로 정규화하고, 식 (A.3)을 이용하여 식 (A.4a)를 다시 풀어쓰면 다음과 같이 강수량을 4개의 핵심 인자로 나타낼 수 있다.

$$R = \frac{\eta\tau}{g\rho_w}C = -\frac{\eta\tau}{g\rho_w}\left[w\frac{dq_{v_s}}{dp}\right] = -\frac{\eta\tau}{g\rho_w}\int_{q_{v_{s,t}}}^{q_{v_{s,b}}} w\, dq_{v_s} \tag{A.5}$$

여기서 $q_{v_{s,b}}$와 $q_{v_{s,t}}$는 각각 지면과 권계면에서의 포화 수증기량이지만, 구름 밑과 구름 위에서는 각각 수증기가 포화되지 않아 사실상 운저와 운고에서의 포화 수증기량이나 마찬가지다. 이제

$$\Lambda = (q_{v_{s,b}} - q_{v_{s,t}})\frac{\rho_d}{\rho_w} \tag{A.6}$$

$$\Omega = \frac{-1}{g\rho_d(q_{v_{s,b}} - q_{v_{s,t}})}\int_{q_{v_{s,t}}}^{q_{v_{s,b}}} w\, dq_{v_s} \tag{A.7}$$

를 각각 정의하여 식 (A.5)에 대입하면, 최종적으로 핵심 인자에 관한 수식을 얻게 된다. 여기서 ρ_d는 건조 공기의 연직 평균 밀도이다.

$$R = \Lambda\Omega\eta\tau \tag{A.8}$$

여기서 Λ는 주어진 기상 조건에서 습윤 공기가 상승하며 응결 가능한 유효 수증기량으로, 물의 깊이로 나타낸 것이다. Ω는 구름층에 대한 연직 상승류의 연직 평균값을 $-g\rho_d$로 정규화한 것으로, 고도 좌표계

에서 연직 속도에 상응한다. 기류가 상승할 때 Ω는 양의 값을 갖고, 하강할 때 음의 값을 갖는다. 식 (A.8)을 유도하는 과정에서 각 변수는 이미 시구간 적분을 거쳤기 때문에, Λ, Ω, η는 각각 시구간$(0, \tau)$에 대한 평균값이라는 점에 유의하자.

한편 식 (A.1a)와 (A.1b)에서 응결률과 증발률을 소거하여 다시 정리하면,

$$-\left(\nabla \cdot \overline{\boldsymbol{v}q_v} + \frac{\partial \overline{wq_v}}{\partial p}\right) - \frac{\partial \overline{w'q_v'}}{\partial p} = r + (Res) \tag{A.9a}$$

$$(Res) - \left(\nabla \cdot \overline{\boldsymbol{v}q_c} + \frac{\partial \overline{wq_c}}{\partial p}\right) + \frac{\partial \overline{w'q_c'}}{\partial p} - \left(f_{q_c} - \nabla \cdot \overline{\boldsymbol{v'}q_c'}\right) + \frac{\partial \overline{q_c}}{\partial t} - \left(f_{q_v} - \nabla \cdot \overline{\boldsymbol{v'}q_v'}\right)$$
$$+ \frac{\partial \overline{q_v}}{\partial t} \tag{A.9b}$$

여기서 (Res)는 6개의 항으로 이루어져 있는데, 크게 두 부분으로 나누어진다. 먼저 첫 4개 항은 유입한 수증기가 수적으로 남게 되는 과정을 지칭한다. 첫 3개 항에서는 구름의 수적이 발산하거나 수렴하고, 4번째 항에서는 수적이 구름 속에 남게 된다. 다음으로 마지막 2개 항은 수증기의 형태로 대기 중에 남게 되는 것이다.

대규모 수증기 유입에 따른 강수 효율 η_ℓ를 다음과 같이 정의하여 식 (A.9a)에 적용하면,

$$\left(-\nabla \cdot [\overline{\boldsymbol{v}q_v}] - \overline{w'q_v'}\big|_{p_b}\right) \eta_\ell = R^* \tag{A.10a}$$

여기서

$$\eta_e = 1 - \frac{[Res]}{(-\nabla \cdot [\overline{vq_v}] - \overline{w'q_v'}|_{p_b})} \qquad \text{(A.10b)}$$

미국 미주리 지역에서 조사한 바로는 계절별로 η_e는 12~69% 사이를 변동하는 것으로 나타났다. 2003~2004년 사이에 발생한 30번의 저기압 사례를 분석한 결과, 대기 중에 유입한 수증기 총량 중에서 여름철에는 69%, 겨울철에는 12%가 각각 강수로 전환하였다(Anip and Market, 2007). 유형별로는 적운형 구름에서 56%, 층운형 구름에서는 29%가 각각 강수로 전환하였다고 한다. 전환 비율이 낮은 이유는 식 (A.10b)에서 (Res)항을 음미함으로써 짐작해 볼 수 있겠다. 식 (A.9b)에서 살펴본 바와 같이, 유입한 수증기가 수적으로 전환하더라도 구름 속에 수적으로 남게 되거나 발산하면 강수 효율이 떨어진다. 또한 대기 중에 그냥 남아있거나 응결했더라도 다시 증발하면 역시 강수 효율이 떨어진다.

핵심 인자의 하나인 강수 효율은 통상 식 (A.4a)나 (A.10a)에 따라 2가지 방식으로 정의할 수 있다. 이 중에서 전자는 응결률에 따른 강수량의 비율을 미시적인 관점에서 바라보고, 후자는 대규모 수증기 유입률에 따른 강수량의 비율을 거시적인 관점에 바라본 것이 큰 차이점이다. 강수 효율에 대한 2가지 정의는 각기 나름대로 의미가 있고, 서로 무관하지도 않다(Sui et al. 2007). 이 책에서는 전자의 정의를 채택하였는데, 그 이유는 핵심 인자의 기본 수식인 (A.8)을 쉽게 유도할 수 있고, 각 인자의 의미를 명확하게 이해할 수 있기 때문이다.

참고문헌
PRECIPITATION FORECAST

이우진, 2006a: *일기도와 날씨 해석*. 광교이택스, 206pp.

이우진, 2006b: *컴퓨터와 날씨 예측*. 광교이택스, 284pp.

이재규, 이재성, 2003: 동풍계열의 기류와 관련된 영동대설 사례에 대한 수치모의 연구. *한국기상학회지*, **39**, 475-490.

Aggarwal, P. K., U. Romatschke, L. Araguas-Araguas, D. Belachew, F. Longstaffe, P. Berg, C. Schumacher, and A. Funk, 2016: Proportions of convective and stratiform precipitation revealed in water isotope ratios. *Nature Geoscience*, doi:10.1038/ngeo2739

Anip, M. H. M., and P. S. Market, 2007: Dominant factors influencing precipitation efficiency in a continental mid-latitude location. *Tellus*, **59A**, 122-126.

Arnold, D. L., 2007: Severe deep moist convective storms- forecasting and mitigation. *Geography Compass*, **2**, 30-66.

Atallah, E. H., L. F. Bosart, and A. R. Aiyyer, 2007: Precipitation distribution associated with landfalling tropical cyclones over the eastern United States. *Mon. Wea. Rev.*, **135**, 2185-2206.

Augustine, J. A., and F. Caracena, 1994: Lower-tropospheric precursors to nocturnal MCS development over the central United States. *Wea. Forecasting*, **9**, 116-135.

Banacos, P. C., and D. M. Schultz, 2005: The use of moisture flux convergence in forecasting convective initiation: historical and operational perspectives. *Wea. Forecasting*, **20**, 351-366.

Barrell, S., L. P. Riishojgaard, and J. Dibbern, 2013: The global observing system. *WMO Bulletin*, **62**, 9-16

Baxter, M. A., C. E. Graves, and J. T. Moore, 2005: A climatology of snow-to-liquid ratio for the contiguous United States. *Wea. Forecasting*, **20**, 729-744.

Blanchard, D. O., W. R. Cotton, and J. M. Brown, 1998: Mesoscale circulation growth under conditions of weak inertial instability. *Mon. Wea. Rev.*, **126**, 118-140.

Bonner, W. D., and J. Paegle, 1970: Diurnal variations in boundary layer winds over the south central United States in summer. *Mon. Wea. Rev.*, **98**, 735-744.

Bosart, L. F., and F. H. Carr, 1978: A case study of excessive rainfall centered around Wellsville, New York, 20-21 June 1972. *Mon. Wea. Rev.*, **106**, 348-362.

Bosart, L. F., and D. B. Dean, 1991: The Agnes rainstorm of June 1972: surface feature evolution culminating in inland storm redevelopment. *Wea. Forecasting*, **6**, 515-537.

Carlson, T. N., 1980: Air flow through midlatitude cyclones and the common cloud patterns. *Mon. Wea. Rev.*, **108**, 1498-1509.

Carroll, E. B., 1997: Use of dynamical concepts in weather forecasting. *Meteorl. Appl.*, **4**, 345-352.

Cecil, D., and T. Marchok, 2014: Impact of vertical wind shear on tropical cyclone rainfall. NASA technical report.

Cordero, S., 2014: Tropical cyclone rainfall. http://flghc.org/ppt/2014/Training%20Sessions/TS23%20Trop%20Met%202/TS%2023/06%202014_FLGHC_TC_Rainfall_A_Cordero.pdf

Davies, P. A., 2000: Development and mechanisms of the nocturnal jet. *Meteorol. Appl.*, **7**, 239-246.

Doswell III, C. A., H. E. Brooks, and R. A. Maddox, 1996: Flash flood forecasting: an ingredient-based methodology. *Wea. Forecasting*, **11**, 560-581.

Eckhardt, S., and A. Stohl, 2004: A 15-year climatology of warm conveyor belts. *J. Clim.*, **17**, 218-237.

Field, P. R., and R. Wood, 2007: Precipitation and cloud structure in midlatitude cyclones. *J. Clim.*, **20**, 233-254, doi:10.1175/JCLI3998.1.

Fitzpatrick, P. J., J. A. Knaff, C. W. Landsea, and S. V. Finley, 1995: Documentation of a systematic bias in the Aviation Model's forecast of the Atlantic tropical upper-tropospheric trough: Implications for tropical cyclone forecasting. *Wea. Forecasting*, **10**, 433-446.

Froude, L. S. R., 2009: Regional differences in the prediction of extratropical cyclones by the ECMWF ensemble prediction system. *Mon. Wea. Rev.*, **137**, 893-911.

Froude, L. S. R., 2011: TIGGE: Comparison of the prediction of Southern Hemisphere extratropical cyclones by different ensemble prediction system. *Wea. Forecasting*, **26**, 388-398.

Gilleland, E., D. A. Ahijevych, B. G. Brown, and E. E. Ebert: 2010: Verifying forecasts spatially. *Bull. Amer. Meteorl. Soc.*, **91**, 1365-1373.

Goodyear, H. V, 1968: Frequency and areal distributions of tropical storm rainfall in the United States coastal region on the Gulf of Mexico, *ESSA Technical Report* WB-7.

Hamil, T. M., 2003: Evaluating forecaster's rules of thumb - a study of d(prog)/dt. *Wea. Forecasting*, **18**, 933-937.

Houze, R. A., 2012: Orographic effects on precipitating clouds. *Reviews of Geophysics*, **50**, 2011RG000365.

Houze, R. A., Jr., S. A. Rutledge, M. I. Biggerstaff, and B. F. Smull, 1989: Interpretation of Doppler weather radar displays in midlatitude mesoscale convective systems. *Bull. Amer. Meteor. Soc.*, **70**, 608-619.

Jascourt, S. D., and W. R. Bua, 2004: Opportunities for human forecasters to improve upon model forecasts now and in the future. *20th*

Conference on Weather Analysis and Forecasting, P 4.12.

Jiang, H., C. Liu, and E. J. Zipser, 2011: A TRMM-based tropical cyclone cloud and precipitation feature database. *J. Appl. Meteorl. Clim.*, **50**, 1255-1274.

Junker, N. W. , R. S. Schneider and S. L. Fauver, 1999: Study of heavy rainfall events during the Great Midwest Flood of 1993. *Wea. Forecasting*, **14**, 701-712.

Kane, R. J., C. R. Chelius and J. M. Fritsch, 1987: Precipitation characteristics of mesoscale convective weather systems. *J. Climate Appl. Meteor.*, **26**, 1345-1357.

Kiene, S. W., P. Binder, E. Müller, and R. Benoit, 2001: Subjective evaluation of a non-hydrostatic very high-resolution NWP-model in an operational forecasting environment. http://collaboration.cmc.ec.gc.ca/science/rpn/publications/pdf/kiene-benoit-subjective.pdf

Kuo, H. L., 1974: Further studies of the parameterization of the influence of cumulus convection on large-scale flow. *J. Atmos. Sci.*, **31**, 1232-1240.

Lee, W.-J., 2010: *Weather of Korea - A Synoptic Climatology*, KwangGyo E-tax, 166pp.

Lee, W.-J., 2011: *Weather Forecasting - A Practical Guide for Internet Users*, KwangGyo E-tax, 237pp.

Lee, W.-J., 2013: Valuing investments in data processing and forecasting systems: the implications of an experience at KMA. *WMO Bulletin*, **62**, 45-49.

Maddox, R. A., C. F. Chappell and L. R. Hoxit, 1979: Synoptic and mesoscale aspects of flash flood events. *Bull. Amer. Meteor. Soc.*, **60**, 115-123.

Majumdar, S. J., and P. M. Finocchio, 2010: On the ability of global ensemble prediction systems to predict tropical cyclone track probabilities. *Wea. Forecasting*, **25**, 659-680.

Martin, J. E., 1999: Quasigeostrophic forcing of ascent in the occluded sector of cyclones and the Trowal airstream. *Mon. Wea. Rev.*, **127**, 70-88.

MetED, 2000: How models produce precipitation and clouds. http://www.meted.ucar.edu/nwp/model_precipandclouds/

MetED, 2001: When good models go bad. https://www.meted.ucar.edu/training_module.php?id=77

MetED, 2002a: How mesoscale model works. http://www.meted.ucar.edu/mesoprim/models/

MetED, 2002b: Ten common NWP misconceptions. http://www.meted.ucar.edu/norlat/tencom/

MetED, 2003: Principles of convection III: shear and convective storms. http://www.meted.ucar.edu/mesoprim/shear/

MetED, 2010: Effective use of high resolution models. https://www.meted.ucar.edu/training_module.php?id=742

Met Office College, 2004: *Precipitation Forecasting*. course notes.

Moore, J. T., F. H. Glass, C. E. Graves, S. M. Rochette, and M. J. Singer, 2003: The environment of the warm-season elevated thunderstorms associated with heavy rainfall over the central United States. *Wea. Forecasting*, **18**, 861-878.

NCEP, 2017: Using model guidance to forecast QPF. http://www.wpc.ncep.noaa.gov/research/model_qpf.htm

Neiman, P. J., F. M. Ralph, A. B. White, D. E. Kingsmill, and P. O. G. Persson, 2002: The statistical relationship between upslope flow and rainfall in California's coastal mountains: observations during CALJET, *Mon. Wea. Rev.*, **130**, 1468-1492, doi:10.1175/1520-0 493(2002)130〈1468:TSRBUF〉2.0.CO;2.

Neiman, P.J., F. M. Ralph, G. A. Wick, J. D. Lunquist, and M. D. Dettinger, 2008: Meteorological conditions and overland precipitation impacts of atmospheric rivers affecting the west coast of North America based on eight years of SSMI/I satellite observations. *J. Hydrometeor.*, **9**, 22-47.

NWS, 2008: Heavy rainfall forecast manual. www.wpc.ncep.noaa.gov/research/mcs_web_test_test.htm

Oort, A. H., 1983: *Global Atmospheric Circulation Statistics, 1958-1973*. NOAA Prof. Pap. Vol. 14, U.S. Government Printing Office, Washington, D.C., 180pp.

Parker, M. D., 2007: Simulated convective lines with parallel precipitation. Part I: Basic structures. *J. Atmos. Sci.*, **64**, 267-288.

Parker, W. S., 2010: Predicting weather and climate-uncertainty, ensembles and probability. *Studies in History and Philosophy of Modern Physics*, **41**, 263-272.

Parker, M. D., and R. H. Johnson, 2004: Simulated convective lines with leading precipitation. Part I: Governing dynamics. *J. Atmos. Sci.*, **61**, 1637-1655.

Peña, M., and Z. Toth, 2014: Estimation of analysis and forecast error variances. *Tellus A*, **66**, 21767.

Persson, A., 2001: *User Guide to ECMWF Forecast Products*. Meteorological Bulletin, M3.2, ECMWF, 123pp.

Persson, A., 2015: *User Guide to ECMWF Forecasts Products*. version 1.2, ECMWF Reading, UK.

Persson, A., and F. Grazzini, 2007: *User Guide to ECMWF Forecasts Products*: Meteorological Bulletin, M3.2 (version 4.0), ECMWF Reading, UK., 153pp.

Pettet, C. R., and R. H. Johnson, 2003: Airflow and precipitation structure of two leading stratiform mesoscale convective systems determined from operational datasets. *Wea. Forecasting*, **18**, 685-699.

Pfahl, S., and M. Sprenger, 2016: On the relationship between extratropical cyclone precipitation and intensity. *Geophys. Res. Lett.*, **43**, 1752-1758.

Pierce, C., 2014: Fine-scale rainfall nowcasting and forecasting. Met Office, http://www.hydrology.org.uk/assets/bhssw_files/c.pierce_20140507.pdf

Rogers, R. R., and M. K. Yau, 1989: *A Short Course in Cloud Physics*. Pergammon Press, 293pp.

Roth, D. 2007: Tropical cyclone rainfall. http://www.google.co.kr/url?url=http://www.wpc.ncep.noaa.gov/tropical/rain/TC_QPF_talk072007.ppt&rct=j&frm=1&q=&esrc=s&sa=U&ved=0ahUKEwiL6aOu9pnOAhWIsY8KHTbQCa0QFggYMAA&usg=AFQjCNG_cuXZB82uFPYri40T3QQ5TooJ7g.

Schultz, D. M., J. V. Cortinas Jr, and C. A. Doswell III, 2002: Comments on "an ingredient-based methodology for forecasting midlatitude winter season precipitation". *Wea. Forecasting*, **17**, 160-167.

Schumacher, R. S., and R. H. Johnson, 2005: Organization and environmental properties of extreme-rain-producing mesoscale convective systems. *Mon. Wea. Rev.*, **133**, 961-976.

Schwartz, C. S., J. S. Kain, S. J. Weiss, M. Xue, D. R. Bright, F. Kong, K. W. Thomas, J. J. Levit, M. C. Coniglio, and M. S. Wandishin, 2010: Toward improved convection-allowing ensembles: model physics sensitivities and optimizing probabilistic guidance with small ensemble membership. *Wea. Forecasting*, **25**, 263-280.

Shu, H.-L., Q.-H. Zhang, and B. Xu, 2013: Diurnal variation of tropical cyclone rainfall in the western north Pacific in 2008-2010. *Atmos. Oceanic Sci. Lett.*, **6**, 103-108.

Simpson, R H., and H. Riehl, 1981: *The Hurricane and Its Impact*, Louisiana State University Press, Baton Rouge, LA, 135-140.

Smagorinsky, J., and G. O. Collins, 1955: On the numerical prediction of precipitation. *Mon. Wea. Rev.*, **83**, 58-68.

Snellman, L. W., 1982: Impact of AFOS on operational forecasting. Preprints, *Ninth Conference on Weather Forecasting and Analysis*, Seattle, WA, Amer. Meteor. Soc., 13-16.

Stewart, R. E., 1992: Precipitation types in the transition region of winter storms. *Bull. Amer. Meteor. Soc.*, **73**, 28-296.

Sui, C.-H., X. Li, and M.-J. Yang, 2007: On the definition of precipitation efficiency. *J. Atmos. Sci.*, **64**, 4506-4513.

Sui, C.-H., X. Li, M.-J. Yang, and H.-L. Huang, 2005: Estimation of oceanic precipitation efficiency in cloud models. *J. Atmos. Sci.*, **62**, 4358-4370.

Sutcliffe, R. C., 1956: Water balance and the general circulation of the atmosphere. *Q. J. Roy. Meteorl. Soc.*, **82**, 385-395.

Thatcher, L. and Z. Pu, 2011: How vertical wind shear affects tropical cyclone intensity change: an overview, recent hurricane research. *Climate, Dynamics, and Societal Impacts*, A. Lupo, Ed. InTech,

Available from: http://www.intechopen.com/books/recent-hurricaneresearch-climate-dynamics-and-societal-impacts/how-vertical-wind-shear-affects-tropical-cyclone-intensitychange-an-overview

Thompson, R. L., B. Smith, J. Grams, A. Dean, and C. Broyles, 2012: Convective modes for significant severe thunderstorms in the contiguous United States. *Wea. Forecasting*, **27**, 1136-1154, doi:10.1175/WAF-D-11-00116.1.

Trier, S. B. and D. B. Parsons, 1993: Evolution of environmental conditions preceding the development of a nocturnal mesoscale convective complex. *Mon. Wea. Rev.*, **121**, 1078-1098.

UKMet, 2011: Microclimate. *Fact Sheets*, No. 14, 24pp. http://www.metoffice.gov.uk/media/pdf/n/9/Fact_sheet_No._14.pdf

UKMet, 2012: Numerical weather prediction. Ch 9. https://digital.nmla.metoffice.gov.uk/.../sdb%3AdigitalFile%7Cd2a64f9b-08d1-4f30-a7bd-7e5607d2fbb9/

Vinnichenko, N., 1970: The kinetic energy spectrum in the free atmosphere - 1 second to 5 years. *Tellus*, **22**, 158-166.

Wetzel, S. W., and J. E. Martin, 2001: Forecasting technique- an operational ingredient-based methodology for forecasting midlatitude winter season precipitation. *Wea. Forecasting*, **16**, 156-167.

Wingo, M.T., and Cecil, D.J., 2010: Effects of vertical wind shear on tropical cyclone precipitation. *Mon. Wea. Rev.*, **138**, 645-662.

Witcraft, N. C., Y.-L. Lin, and Y.-H. Kuo, 2005: Dynamics of orographic rain associated with the passage of a tropical cyclone over a mesoscale mountain. *Terr. Atmos. Oceanic Sci.*, **16**, 1133-1161.

WMO, 2015: *WMO Guidelines on Multi-hazard Impact-based Forecast and Warning Services*. WMO, No.1150, 23pp.

WPC, 2006: Ensemble prediction systems - a basic training manual targeted for operational meteorologists. http://www.wpc.ncep.noaa.gov/ensembletraining/

Wu, Q., Z. Ruan, D. Chen, and T. Lian, 2014: Diurnal variations of tropical cyclone precipitation in the inner and outer rainbands. *J. Geophys. Res. Atm.*, **120**, doi:10.1002/2014JD022190.

Zsoter, E., R. Buizza, and R. Richardson, 2009: Jumpiness of the ECMWF and UK Met Office EPS control and ensemble-mean forecasts. *Mon. Wea. Rev.*, **137**, 3823-3836.

강수량 예보

초판 1쇄 인쇄 2017년 09월 05일
초판 1쇄 발행 2017년 09월 12일
지은이 이우진

펴낸이 김양수
편집·디자인 이정은
교정교열 장하나

펴낸곳 휴앤스토리
출판등록 제2016-000014
주소 경기도 고양시 일산서구 중앙로 1456(주엽동) 서현프라자 604호
전화 031) 906-5006
팩스 031) 906-5079
홈페이지 www.booksam.co.kr
블로그 http://blog.naver.com/okbook1234
페이스북 https://www.facebook.com/booksam.co.kr
이메일 okbook1234@naver.com

ISBN 979-11-960228-9-1 (93450)

ⓒ 이우진

* 이 책의 국립중앙도서관 출판시도서목록은 서지정보유통지원시스템 홈페이지(http://seoji.nl.go.kr)와 국가자료공동목록시스템(http://www.nl.go.kr/kolisnet)에서 이용하실 수 있습니다.
  (CIP제어번호 : CIP2017022989)

* 이 책은 저작권법에 의해 보호를 받는 저작물이므로 무단전재와 무단복제를 금지하며, 이 책 내용의 전부 또는 일부를 이용하려면 반드시 저작권자와 휴앤스토리의 서면동의를 받아야 합니다.

* 파손된 책은 구입처에서 교환해 드립니다.   * 책값은 뒤표지에 있습니다.